东亚季风年鉴

EAST ASIAN MONSOON YEARBOOK

2012

国 家 气 候 中 心
（东亚季风活动中心） 编

气象出版社
China Meteorological Press

内 容 简 介

东亚季风是盛行于东亚地区的冬、夏季风的统称。东亚季风区的范围覆盖了中国、日本、朝鲜半岛、蒙古、中南半岛东岸、琉球群岛、菲律宾群岛。

《东亚季风年鉴2012》是中国气象局国家气候中心的重要业务产品之一。全书分为3章,第1章描述2011/2012年东亚冬季气候及冬季风环流系统的特点;第2章介绍2012年东亚夏季气候和夏季风环流系统的特征;第3章主要介绍2012年中国雨季进程的概况。年鉴中也回顾了2011/2012年冬季中日韩冬季风会商及2012年夏季亚洲区域气候监测预测和评估论坛气候预测的结果。

本年鉴可供从事气象、农业、水文和地质等多个行业的业务、科研和教学人员使用。

图书在版编目(CIP)数据

东亚季风年鉴. 2012/国家气候中心编. —北京:气象出版社, 2015.8

ISBN 978-7-5029-6172-5

Ⅰ. ①东… Ⅱ. ①国… Ⅲ. ①东亚季风-2012-年鉴 Ⅳ. ①P425.4-54

中国版本图书馆CIP数据核字(2015)第181557号

出版发行: 气象出版社
地　　址: 北京市海淀区中关村南大街46号　　**邮政编码:** 100081
总 编 室: 010-68407112　　**发 行 部:** 010-68409198
网　　址: http://www.qxcbs.com　　**E-mail:** qxcbs@cma.gov.cn
责任编辑: 陈　红　　**终　　审:** 黄润恒
封面设计: 博雅思企划　　**责任技编:** 赵相宁
印　　刷: 北京地大天成印务有限公司
开　　本: 889 mm×1194 mm　1/16　　**印　　张:** 9
字　　数: 252千字
版　　次: 2015年8月第1版　　**印　　次:** 2015年8月第1次印刷
定　　价: 65.00元

《东亚季风年鉴 2012》

主　　编：孙丞虎　周　兵　柳艳菊

编写人员（以姓氏笔画为序）：

马丽娟　王东阡　王遵娅　司　东　刘芸芸

李　多　李清泉　邵　勰　竺夏英　柯宗建

袁　媛　高　辉　龚志强　崔　童

指导专家（以姓氏笔画为序）：

丁一汇　刘海波　李维京　何金海　张庆云

张祖强　张培群　张　强　武炳义　顾建峰

前　言

东亚是全球典型的季风区，东亚各国的社会经济、生态环境、水资源和灾害性天气气候事件等均与季风系统的活动密切相关，东亚季风活动规律及其预测研究一直是气候业务和科学研究领域关注的焦点。在全球变暖背景下，东亚地区洪涝、干旱等灾害性气候事件频繁发生，对国家安全、社会经济、生态环境等带来了严重威胁。进一步提高气象部门季风监测、预测的业务能力，是提高我国气候灾害防御能力、保障国家经济建设和社会和谐进步的重要支撑。

国家气候中心作为国家级气候业务中心，以及世界气象组织（WMO）下属的亚洲区域北京气候中心和东亚季风活动中心，需要面向亚洲地区提供有关季风活动的业务指导。因此，也希望通过组织编写《东亚季风年鉴》，及时揭示东亚季风系统活动的最新事实，为研究东亚季风系统的演变规律、时空分布特征和机理等提供宝贵的基础信息参考。同时，通过对季风系统活动气候影响的总结分析，为有关部门加强防灾减灾工作提供一定的帮助。

2013 年 10 月按照中国气象局预报与网络司的安排，国家气候中心正式启动了《东亚季风年鉴》的编制工作。经过 1 年多的努力，《东亚季风年鉴 2012》已经完成，在此对大家表示衷心的感谢，也要感谢各级领导和各位指导专家在年鉴编写工作中给予的悉心指导和大力支持。现将参与年鉴各章编写人员分工情况介绍如下：

内容简介、前言、概述、资料和指标说明、东亚季风系统及其气候特征、2012 年全球海温及海冰分布、2012 年北半球积雪状况、东亚冬季风指数、东亚夏季风指数和中国雨季历年信息表由孙丞虎编写。

第 1 章东亚冬季风概况由孙丞虎统稿，其中，1.1～1.2 节由龚志强编写，1.3～1.4 节由王遵娅编写，1.5 节由孙丞虎和司东编写，1.6 节由邵勰编写，本章摘要由孙丞虎编写。

第 2 章东亚夏季风由柳艳菊统稿，其中，2.1～2.2 节由孙丞虎和司东编写，2.3 节由王遵娅编写，2.4 节由袁媛、孙丞虎、竺夏英、李多和王东阡编写，2.5 节由柳艳菊编写，2.6 节由崔童编写，2.7 节由邵勰编写，本章摘要由柳艳菊编写。

第 3 章中国雨季由周兵和孙丞虎统稿，其中，3.1 节由孙丞虎和邵勰编写，3.2 节由王东阡和马丽娟编写，3.3 节由李清泉编写，3.4 节由周兵和孙丞虎编写，3.5 节由崔童编写，3.6 节由司东编写，3.7 节及本章摘要由孙丞虎编写。

2011/2012 年东亚冬季风季节预测联合会商预测回顾、2012 年亚洲区域气候监测、预测和评估论坛由柯宗建、高辉和刘芸芸编写。

另外，本年鉴的编写得到国家气候中心业务维持费和公益性行业（气象）科研专项——东亚季风多尺度变率的监测预测研究项目（GYHY201406018）的资助。

编者

2015 年 2 月

概　述

2011/2012 年冬季，东亚冬季风偏强，东亚大部气温偏低，降水偏少。季内，东亚大部气温持续偏低，而中北部地区降水持续偏少。我国经历了 1 次寒潮过程，2 次强冷空气过程。此外，季内西伯利亚高压偏强，东亚大槽略偏深，东亚副热带西风急流偏西、偏北、偏强，北极涛动总体维持正位相。平流层出现了一次弱的暴发性增温过程，热带地区的大气季节内振荡(MJO)活动总体强度偏弱。

2012 年夏季，除东亚东北部气温略偏低外，其余大部分地区气温较常年偏高，我国黄淮等地发生了极端高温事件。东亚地区降水呈"北多南少"分布，我国北方多地出现极端降水事件。从夏季风进程看，亚洲热带夏季风最早于 4 月底在安达曼海及中南半岛附近地区暴发，之后向北推进。受其影响，南海夏季风于 5 月第 4 候暴发，10 月第 3 候结束，较常年暴发偏早，结束偏晚，强度偏弱。东亚副热带夏季风偏强。夏季风系统成员中，澳大利亚高压略偏强、马斯克林高压偏弱，西太平洋副热带高压偏弱、面积偏小、偏北、偏东。西北太平洋地区热带辐合带强度偏强。越赤道气流中，索马里越赤道气流偏弱，孟加拉湾越赤道气流偏强，而南海及菲律宾越赤道气流均偏强。南亚高压强度接近常年，中心位置偏北。东亚副热带急流偏弱、位置偏南。另外，夏季 30～60 天季节内振荡的纬向传播较为活跃，而经向传播不活跃。

2012 年我国东部雨带进程明显受到季节内振荡的调制。华南前汛期 4 月 8 日开始，较常年偏晚，7 月 1 日结束，较常年偏早。前汛期总降水量为 752.8 mm，较常年偏多。西南雨季 5 月 29 日开始，较常年偏晚，10 月 11 日结束，较常年偏早，雨季总降水量为 812.0 mm，比常年偏少。中国梅雨各气候区中，江南梅雨 6 月 4 日入梅，7 月 1 日出梅，均较常年偏早，梅雨量为 302.9 mm，较常年偏少。长江中游 6 月 25 日入梅，7 月 20 日出梅，均较常年偏晚，梅雨量为 259.2 mm，较常年偏少。长江下游 6 月 22 日入梅，7 月 18 日出梅，均较常年偏晚，梅雨量为 212.3 mm，较常年偏少。江淮地区 6 月 27 日入梅，较常年偏晚，7 月 15 日出梅，与常年持平，梅雨量 260.1 mm，较常年偏多。华北雨季 7 月 21 日开始，8 月 16 日结束，开始时间与常年持平，结束时间较常年偏早，雨季总降水量为 220.3 mm，比常年偏多。华西秋雨 9 月 8 日开始，较常年偏早，11 月 18 日结束，较常年偏晚，秋雨总降水量为 323.5 mm，较常年偏多。

目　录

第1章 东亚冬季风

2011/2012 年冬季，东亚大部降水偏少，其中东亚东北部和西南部等地降水偏少 5 成以上。季内，东亚北部地区降水持续偏少。东亚大部地区气温较常年偏低，其中东亚中北部气温偏低 2℃以上。季内，东亚大部地区气温持续偏低。我国经历了 1 次寒潮过程，2 次强冷空气过程 。

从冬季风的特点来看，东亚冬季风偏强。冬季风系统成员中，西伯利亚高压偏强，东亚大槽略偏深，东亚急流偏西、偏北、偏强，北极涛动正位相。另外，季内平流层出现了一次弱的暴发性增温过程。热带地区的 MJO 活动总体强度偏弱。

1.1 冬季气温

1.1.1 东亚气温

2011/2012 年冬季，除东亚西南部一带气温偏高 1℃以上外，东亚大部气温较常年偏低。其中，东亚中北部偏低 2℃以上，局部地区偏低 6℃以上(图 1.1)。另外，季内东亚大部气温持续偏低(图 1.2～图 1.4)。

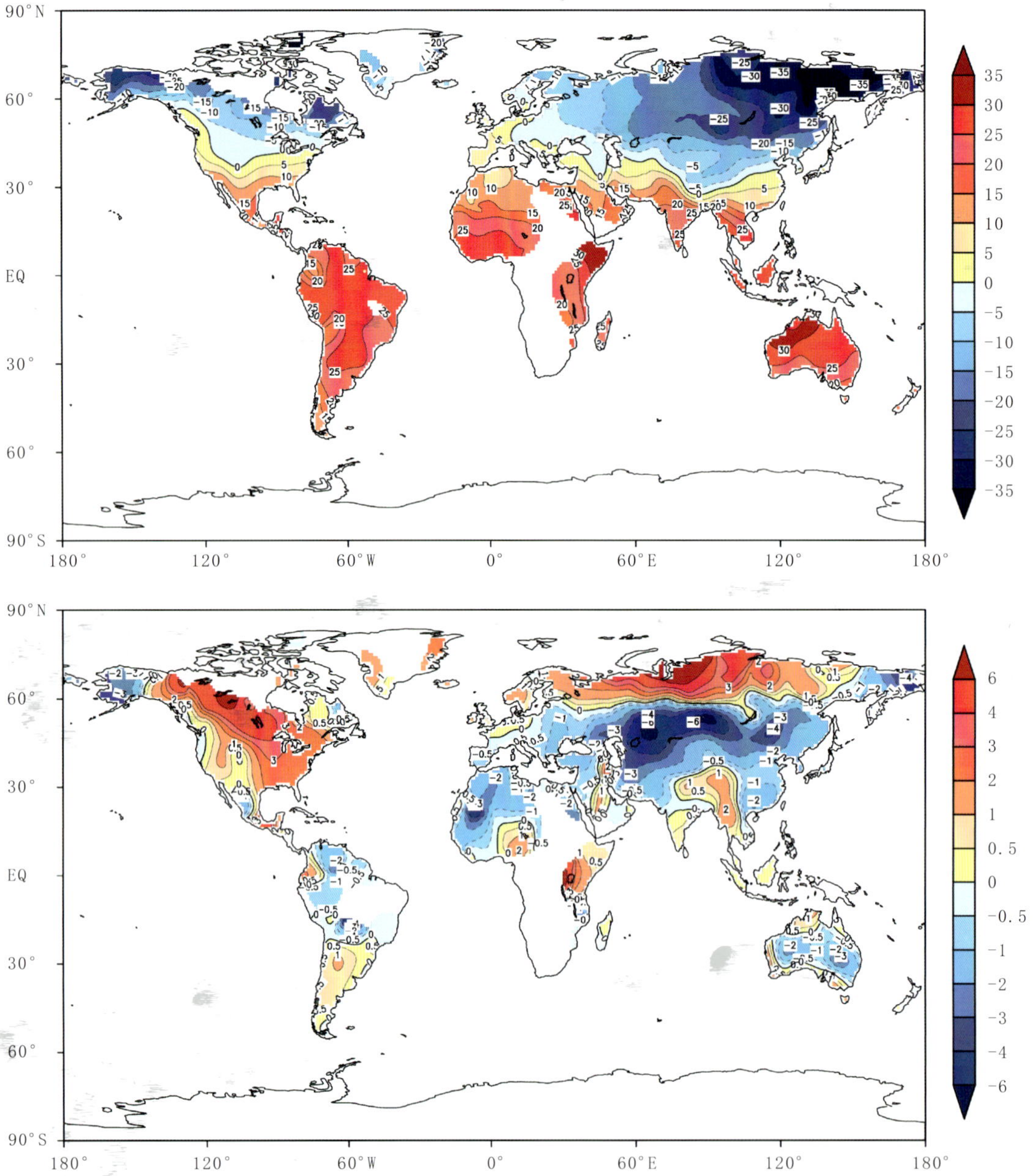

图 1.1 2011/2012 年冬季全球气温(上)及距平(下)分布图(单位:℃)

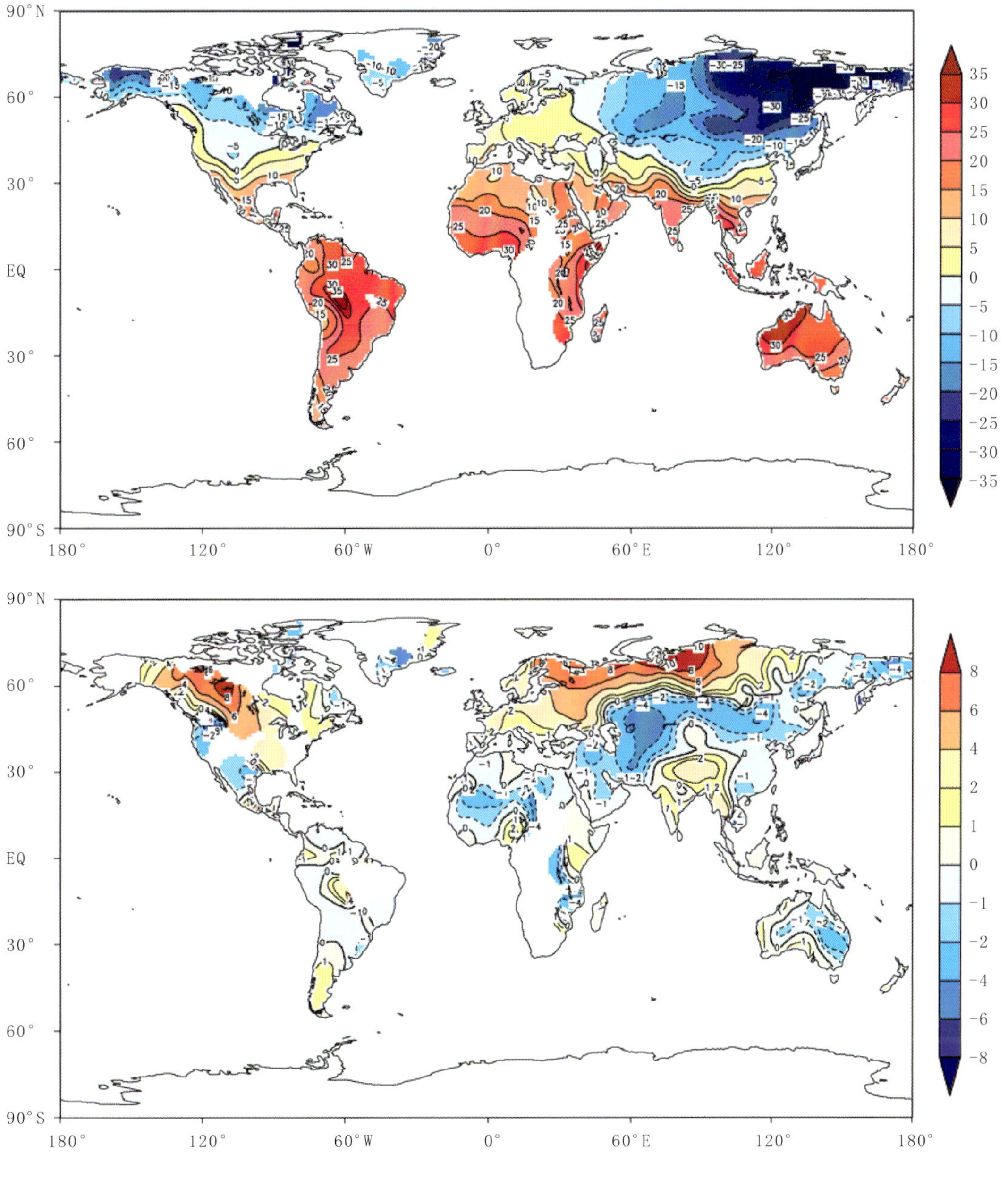

图 1.2 2011 年 12 月全球气温(上)及距平(下)分布图(单位:℃)

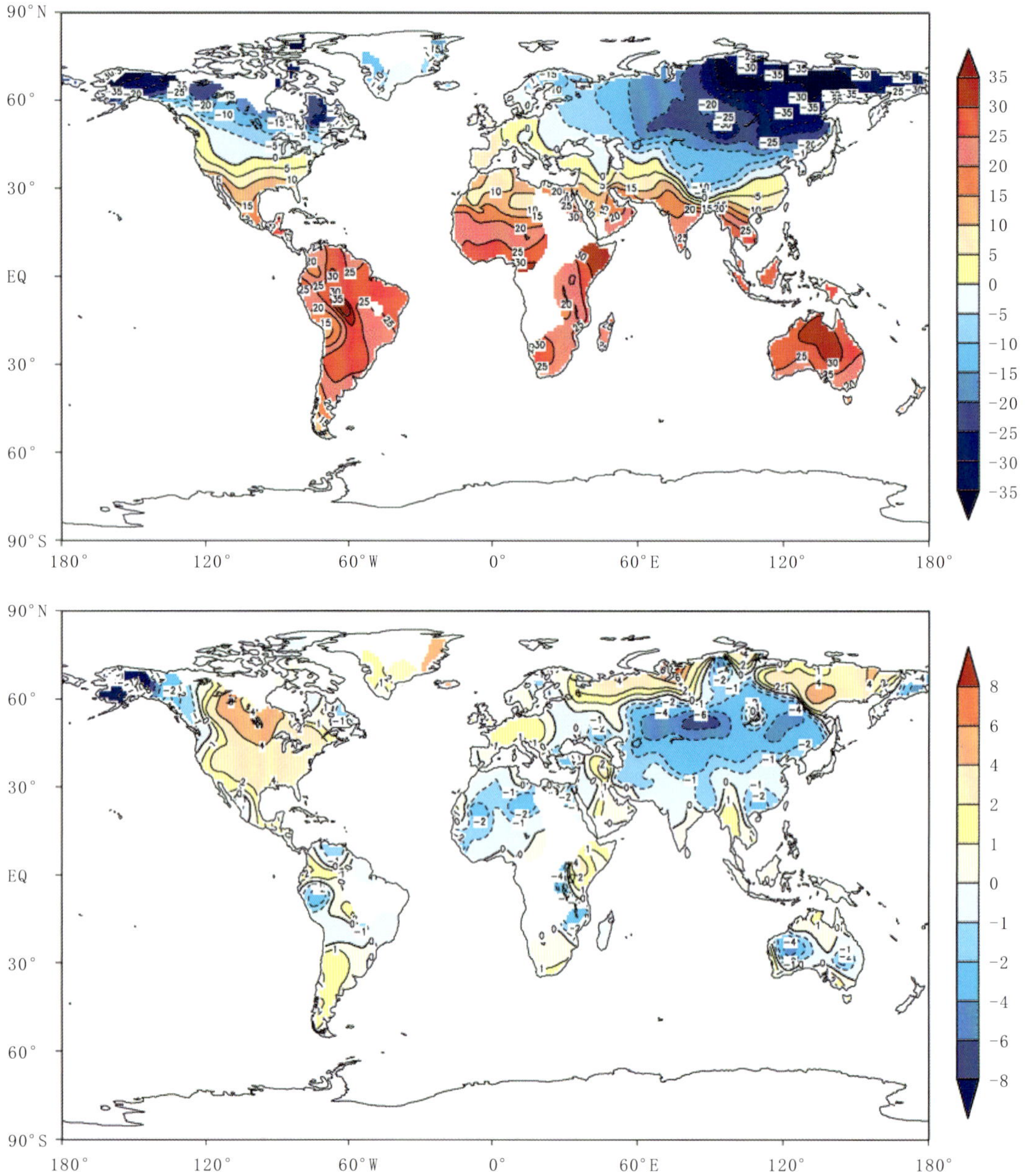

图 1.3　2012 年 1 月全球气温(上)及距平(下)分布图(单位:℃)

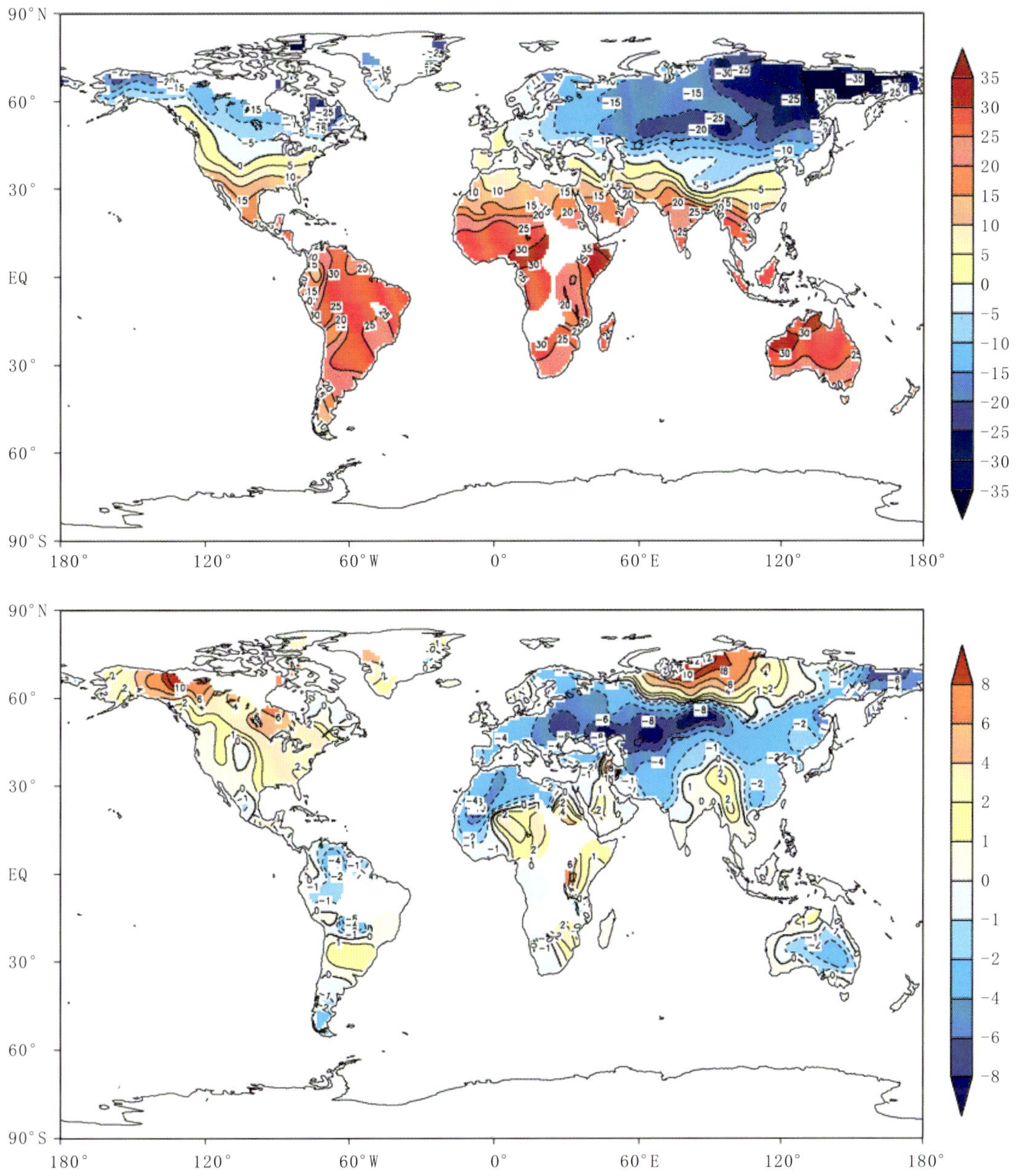

图 1.4　2012 年 2 月全球气温(上)及距平(下)分布图(单位:℃)

1.1.2 中国气温

2011/2012 年冬季，全国平均气温为－4.4℃，较常年同期(－3.4℃)偏低 1.0℃，是 1987 年以来的最低值(图 1.5)。

从空间分布来看(图 1.6)，与常年同期相比，除青藏高原中北部及云南中部气温偏高 1～2℃外，其余大部地区气温接近常年或偏低。其中，西北中西部、东北、华北东北部、江淮西部、江南中部和西部、华南大部及内蒙古大部、贵州、四川东南部等地偏低 1～2℃，局部偏低 2～4℃。

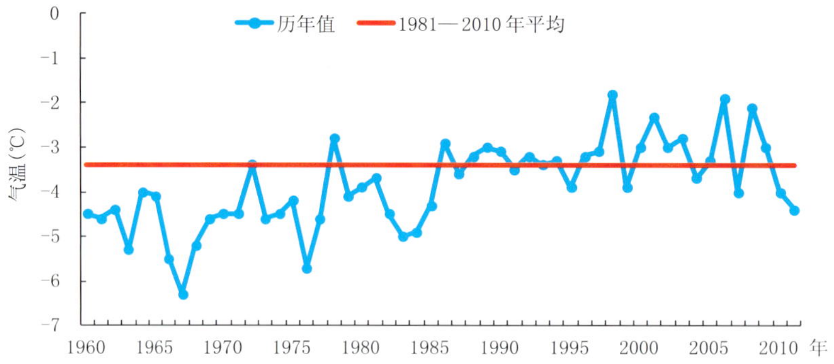

图 1.5　1960/1961—2011/2012 年冬季全国平均气温历年变化图

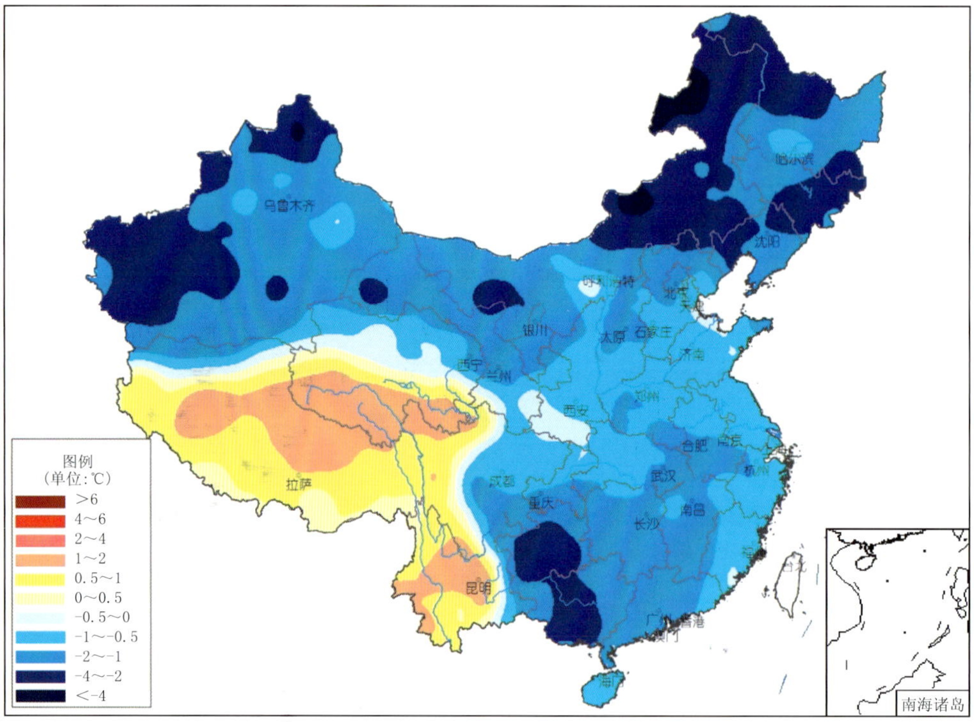

图 1.6　2011/2012 年冬季全国平均气温距平分布图

1.2 冬季降水

1.2.1 东亚降水

2011/2012 年冬季东亚大部降水偏少，其中东亚东北部和西南部等地降水偏少 3 成以上，局部地区偏少 5 成以上(图 1.7)。另外，季内东亚北部降水持续偏少(图 1.8～图 1.10)。

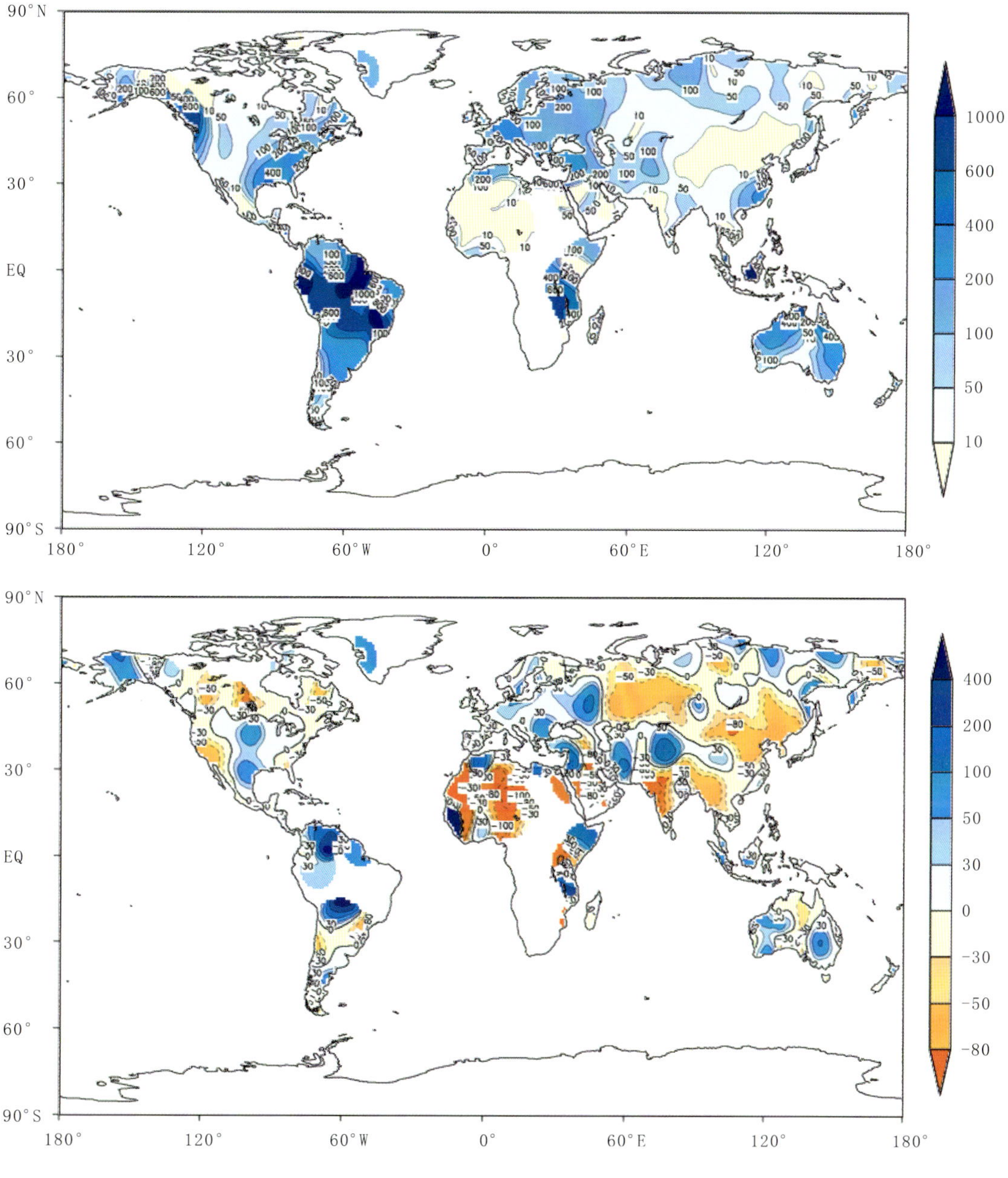

图 1.7 2011/2012 年冬季全球降水量(上，单位:mm)及距平百分率(下，单位:%)分布图

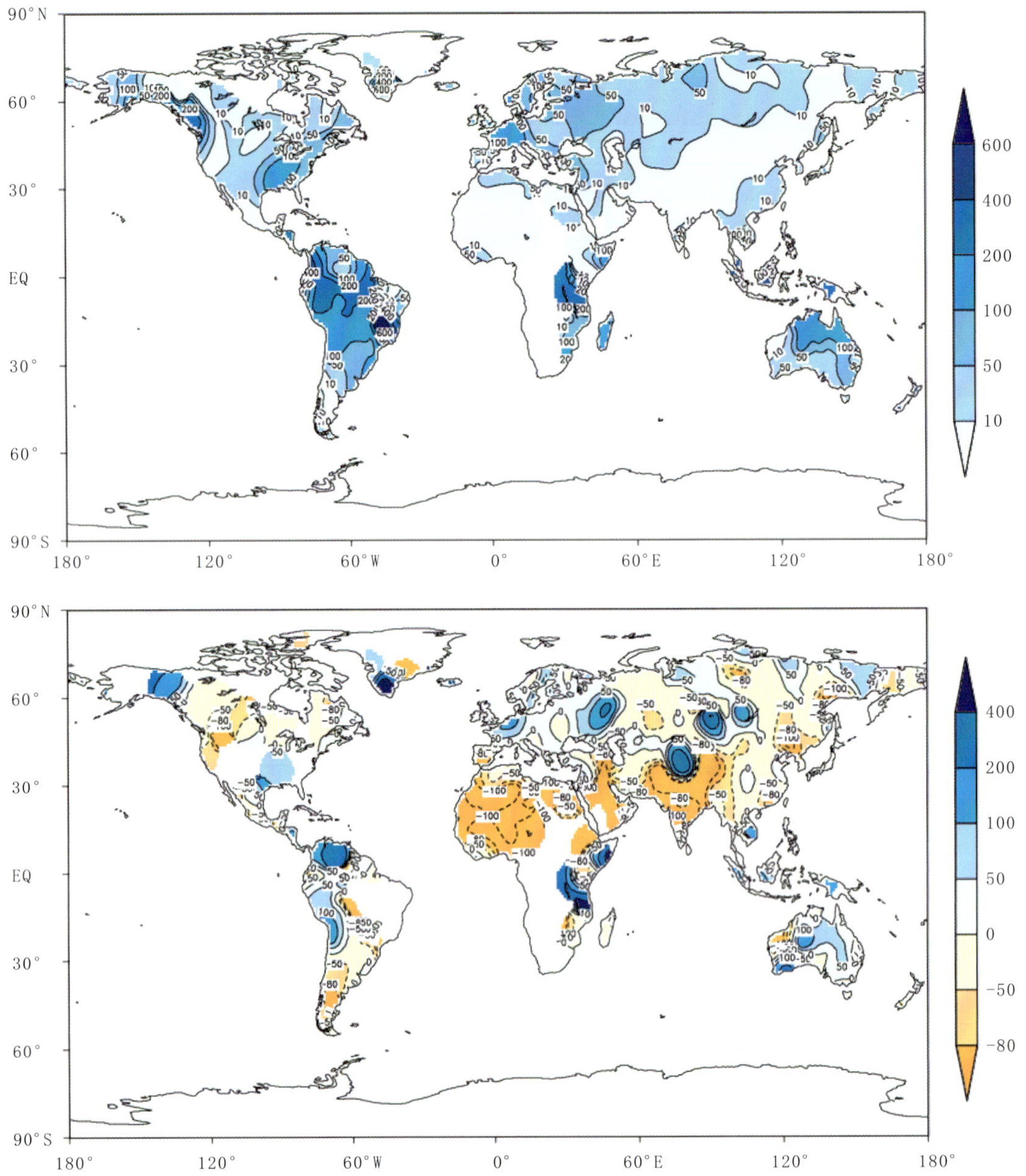

图 1.8　2011 年 12 月全球降水量(上，单位：mm)及距平百分率(下，单位：%)分布图

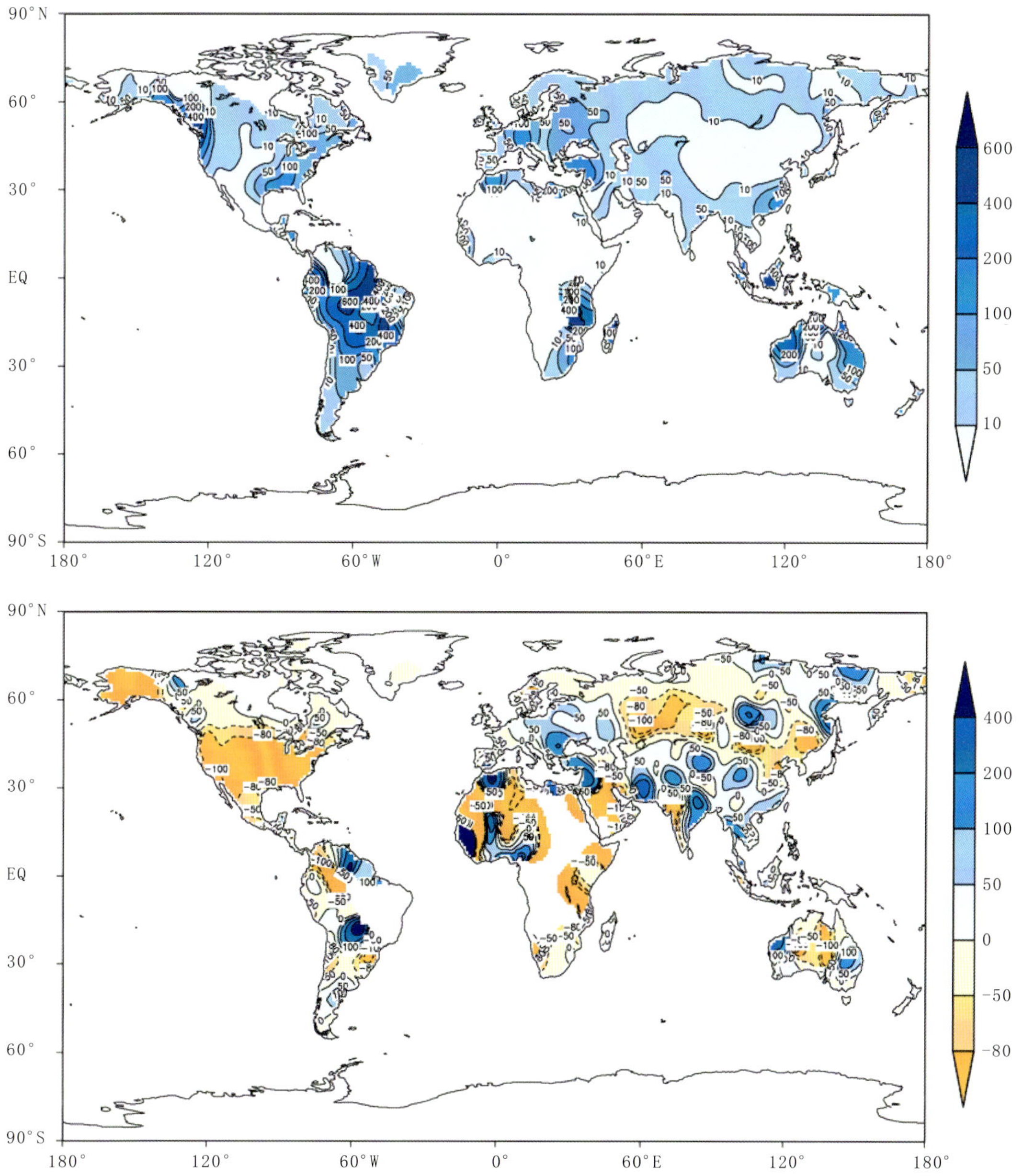

图 1.9 2012 年 1 月全球降水量(上，单位:mm)及距平百分率(下，单位:%)分布图

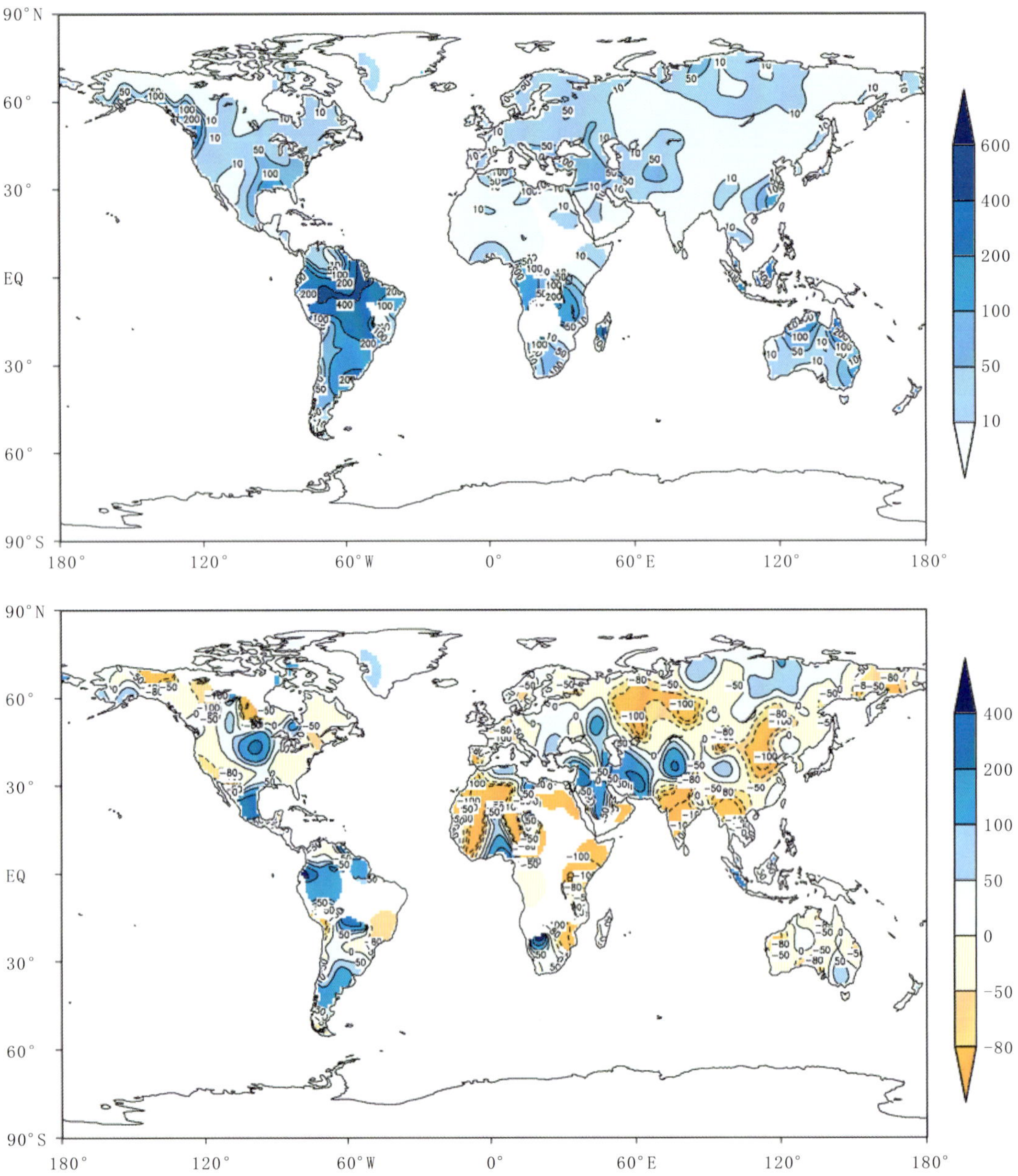

图 1.10　2012 年 2 月全球降水量(上，单位:mm)及距平百分率(下，单位：%)分布图

1.2.2 中国降水

2011/2012 年冬季，全国平均降水量为 37.8 mm，较常年同期(41.0 mm)偏少 7.8%(图 1.11)。从空间分布来看(图 1.12)，与常年同期相比，除江南东部、华南东北部及新疆西部、青海东部和南部、四川东部、广西西部等地偏多 20%至 1 倍，局部偏多 1 倍以上外，全国其余大部地区接近常年或偏少。其中，江淮和江汉以北大部、西南中西部及新疆东部等地偏少 20%～80%，局部偏少 80%以上。

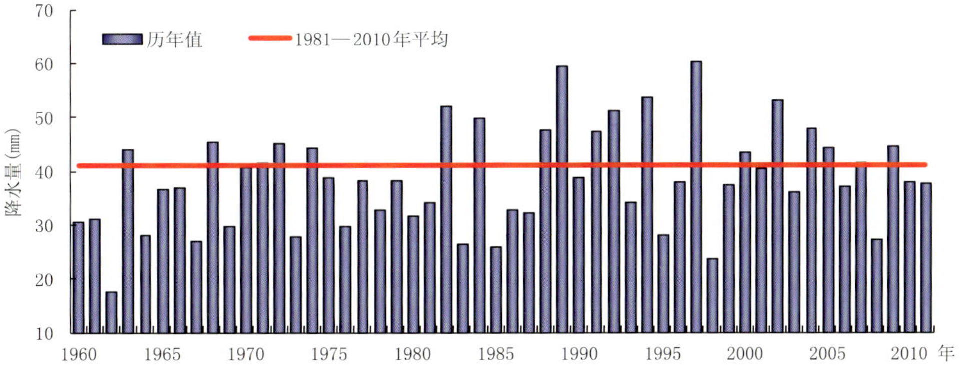

图 1.11 1960/1961—2011/2012 年冬季全国平均降水量历年变化图

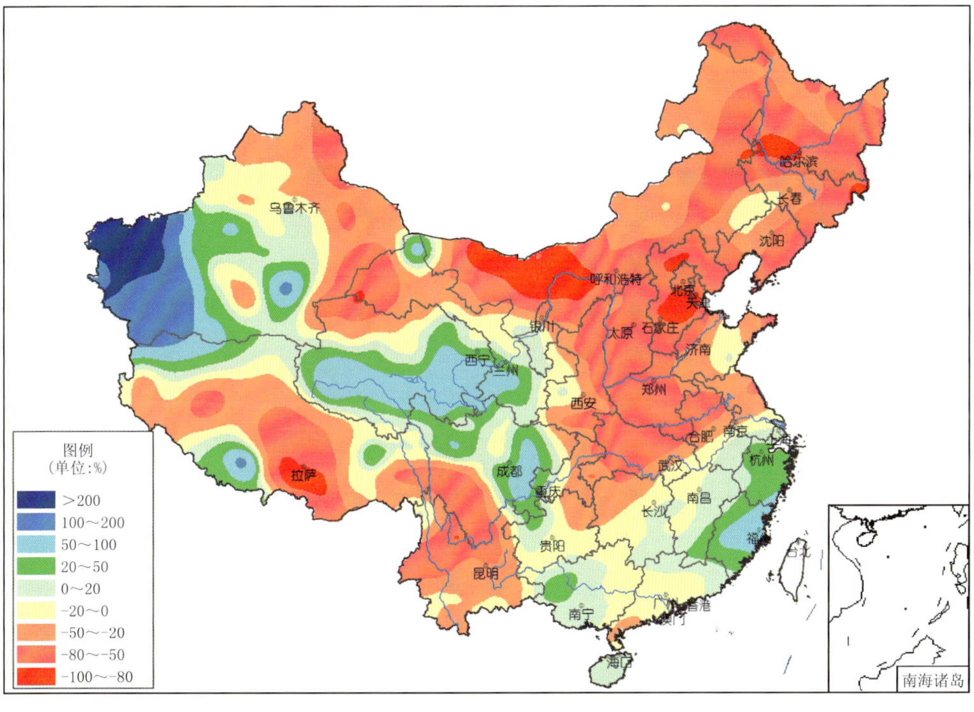

图 1.12 2011/2012 年冬季全国降水量距平百分率分布图

1.3 冷空气过程

2011/2012 年冬季，全国共经历了 1 次寒潮过程，2 次强冷空气过程（表 1.1）。

表 1.1　2011 年 12 月—2012 年 2 月强冷空气和寒潮过程列表

开始时间	结束时间	强度等级
2011 年 12 月 6 日	2011 年 12 月 10 日	区域型寒潮
2012 年 1 月 19 日	2012 年 1 月 23 日	区域型强冷空气
2012 年 2 月 5 日	2012 年 2 月 8 日	全国型强冷空气

从冬季主要寒潮过程和全国型强冷空气过程的降温幅度和路径来看：

(1)2011 年 12 月 6—10 日的寒潮过程主要影响我国西北和东部沿海地区，过程最大降温幅度达 8～14℃的区域主要分布在新疆西部和东北部、青海、西北东部、内蒙古南部、华北大部、黄淮东部、江淮、江南东部、华南东部和南部、云南东北部和贵州南部等地。此次冷空气过程路径属中偏东路径，最先影响内蒙古东南部，然后南下(图 1.13)。

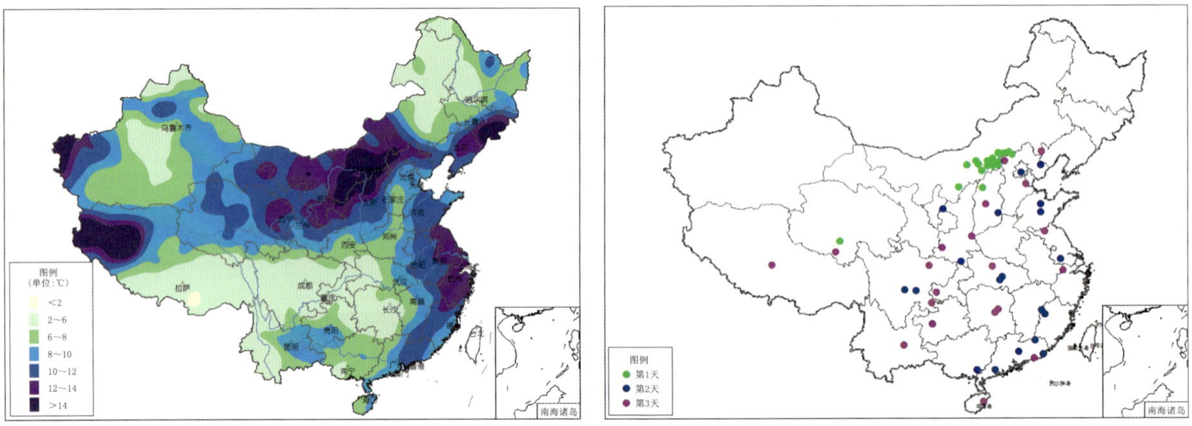

图 1.13　2011 年 12 月 6—10 日寒潮过程最大降温幅度(左)及寒潮过程前 3 日显著降温台站(右)分布图

(2)2012 年 1 月 19—23 日的强冷气过程主要影响我国北方地区，长江以北大部及广东大部等地过程最大降温幅度达 8～14℃，新疆、内蒙古、宁夏和吉林等地部分地区降温幅度超过 14℃。此次冷空气过程以偏西路径为主，最先影响新疆和内蒙古东南部(图 1.14)。

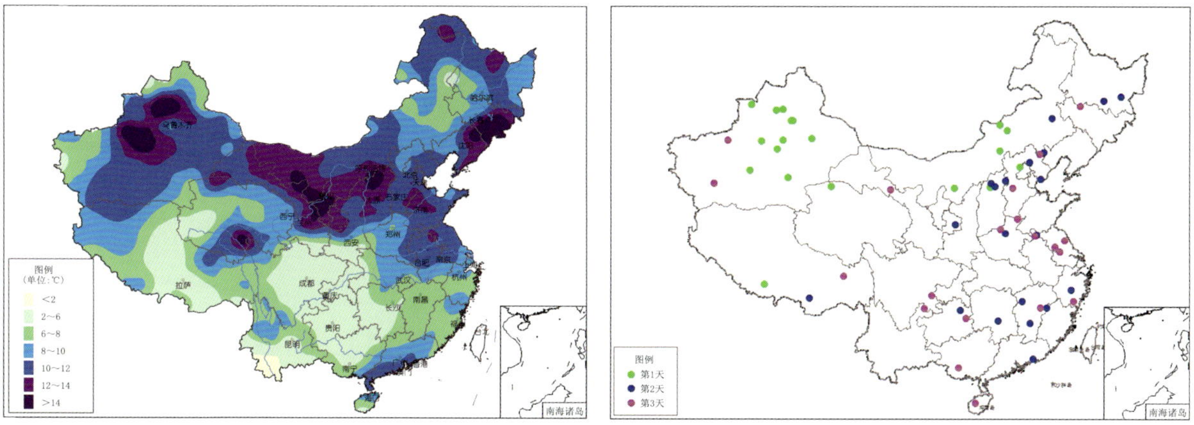

图 1.14 2012 年 1 月 19—23 日冷空气过程最大降温幅度(左)及
冷空气过程前 3 日显著降温台站(右)分布图

(3)2012 年 2 月 5—8 日的强冷空气过程主要影响我国东部地区,新疆北部、东北大部、内蒙古中部和东北部、陕西北部、山西中部和西北部、黄淮东部、江淮、江南东部等地过程最大降温幅度达 8~14℃,局部地区超过 14℃。此次冷空气过程以偏中路径为主,最先影响内蒙古南部(图 1.15)。

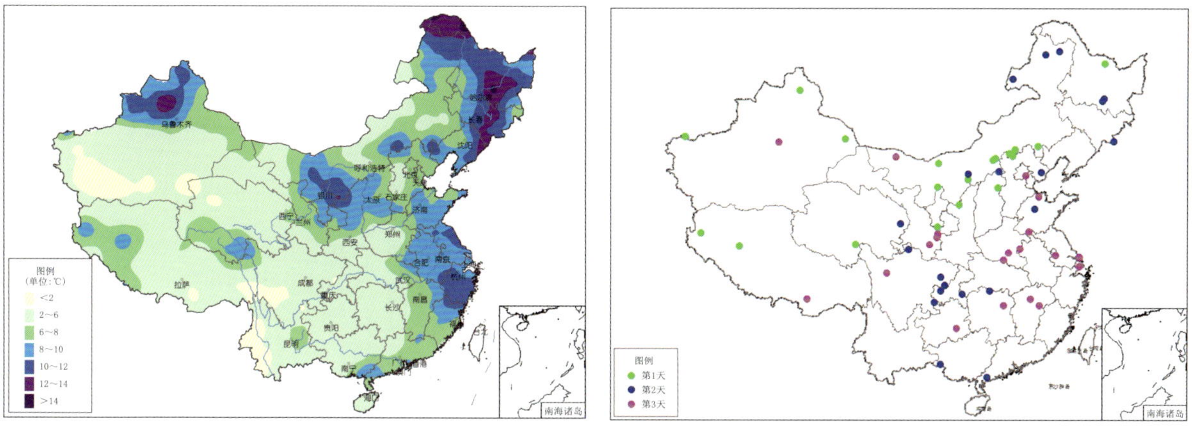

图 1.15 2012 年 2 月 5—8 日冷空气过程最大降温幅度(左)及
冷空气过程前 3 日显著降温台站(右)分布图

1.4 极端事件

2011/2012 年冬季,全国共有 47 站发生极端低温事件,主要分布在新疆、内蒙古东北部、华北中部、西北东南部及西藏中南部等地(图 1.16)。季内,全国共有 86 站次出现极端低温事件,较常年同期(262 站次)大幅偏少(图 1.17)。

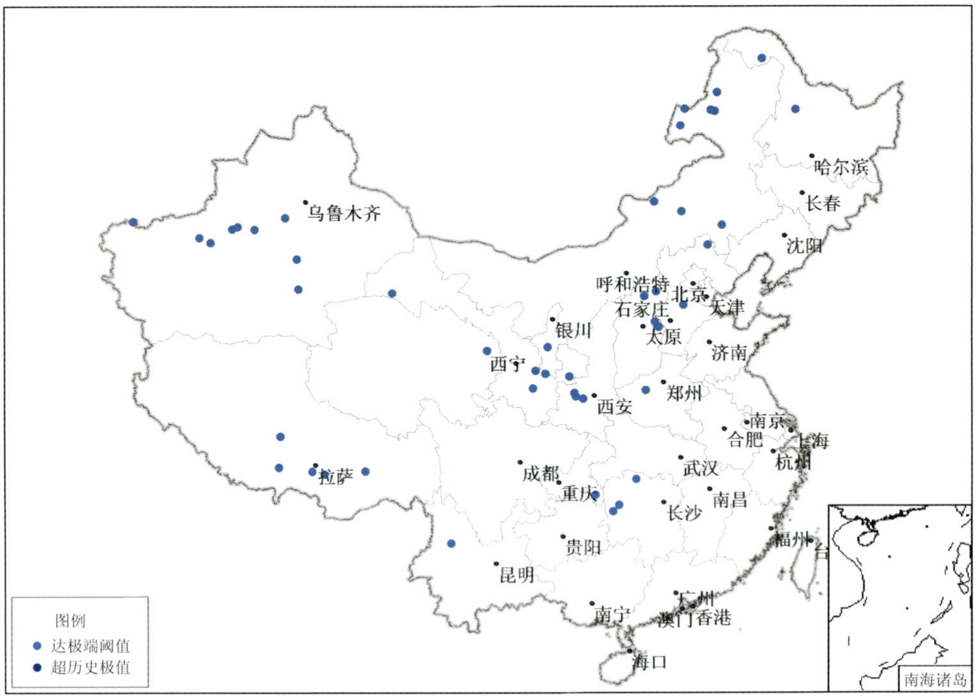

图 1.16 2011/2012 年冬季全国发生极端低温事件的站点分布图

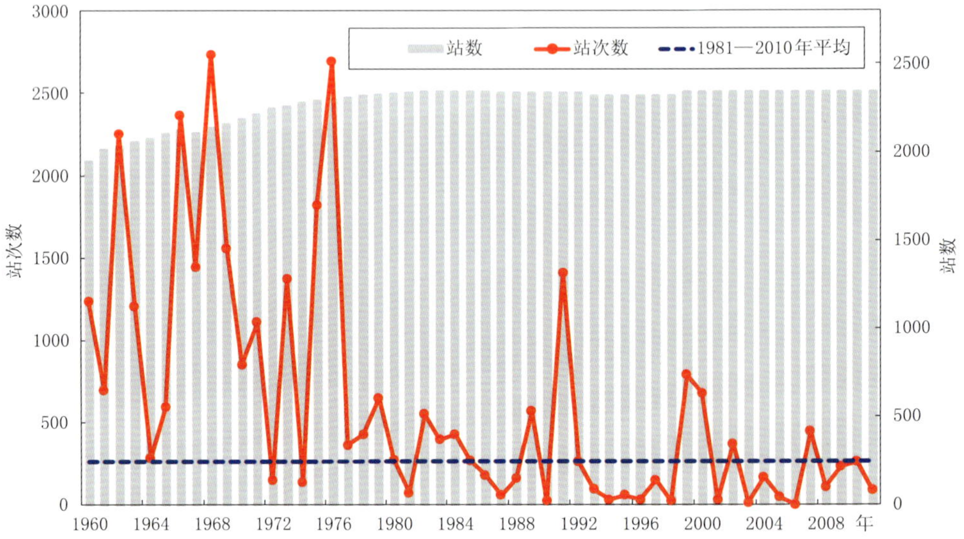

图 1.17 1960/1961—2011/2012 年冬季全国极端低温事件站次数的历年变化图

1.5 东亚冬季风环流系统

1.5.1 东亚冬季风强度

2011/2012 年冬季，东亚冬季风强度指数距平为 3.0，东亚冬季风偏强（图 1.18）。

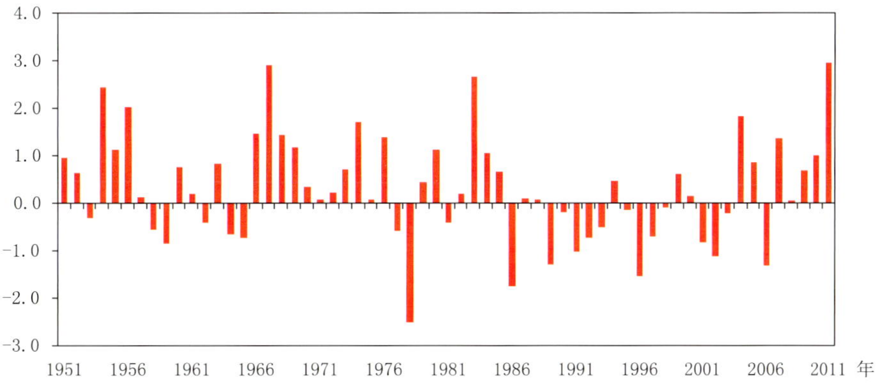

图 1.18 1951/1952—2011/2012 年东亚冬季风强度指数距平历年序列图

1.5.2 冬季风系统成员

（1）西伯利亚高压

2011/2012 年冬季，西伯利亚高压强度指数距平为 2.5，西伯利亚高压偏强（图 1.19）。

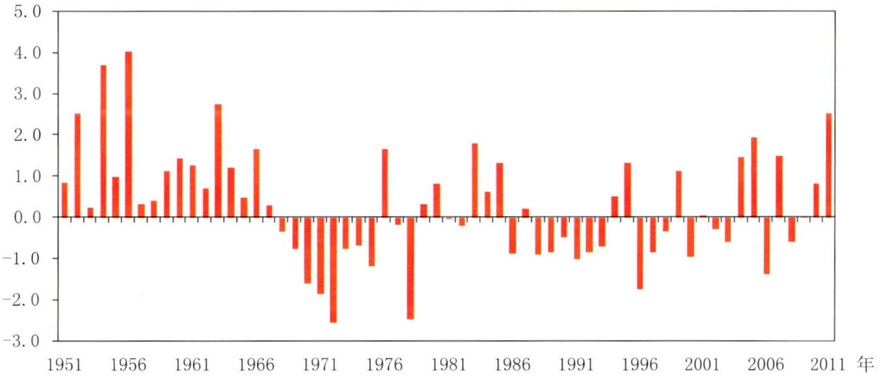

图 1.19 1951/1952—2011/2012 年冬季西伯利亚高压强度指数距平历年序列图

(2)东亚大槽

2011/2012 年冬季东亚大槽强度指数距平为−2.3,东亚大槽强度略偏强(图 1.20)。

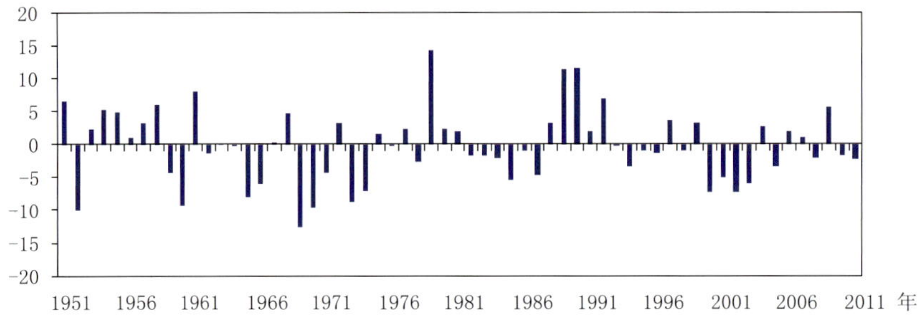

图 1.20　1951/1952—2011/2012 年冬季东亚大槽强度指数距平历年序列图

(3)东亚副热带西风急流

2011/2012 年冬季,东亚副热带西风急流指数为 7100.8,较常年(6437)偏大 753.8,急流偏强(图 1.21)。东亚副热带西风急流核位于 136.1°E,33.6°N,较常年(137.9°E,32.5°N)偏西 1.8 度,偏北 1.1 度(图 1.22 和图 1.23)。

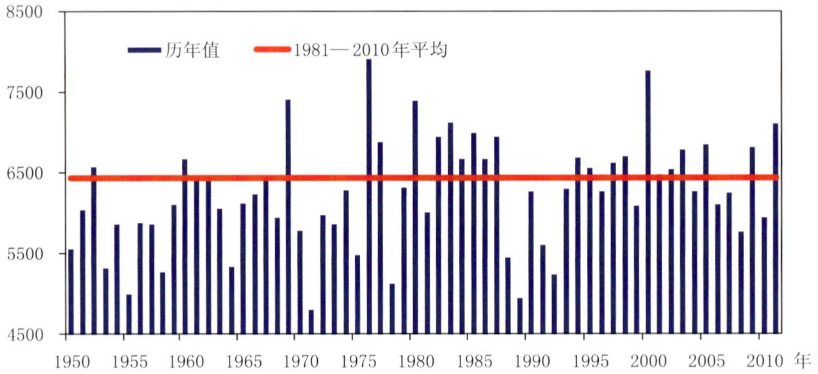

图 1.21　1950/1951—2011/2012 年冬季东亚副热带西风急流指数历年序列图

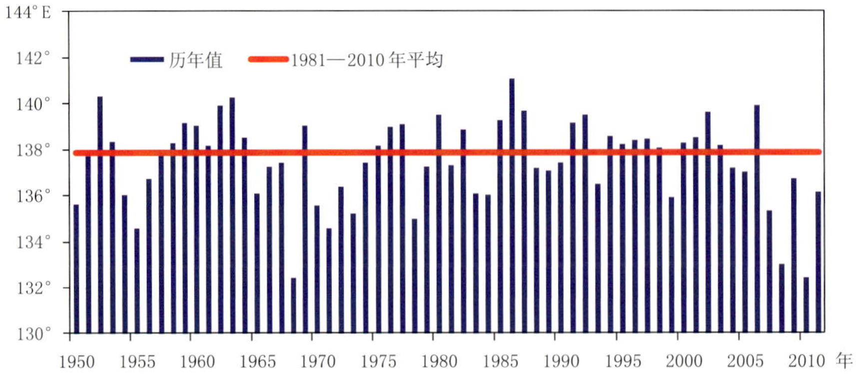

图 1.22　1950/1951—2011/2012 年冬季东亚副热带西风急流核经向位置历年序列图

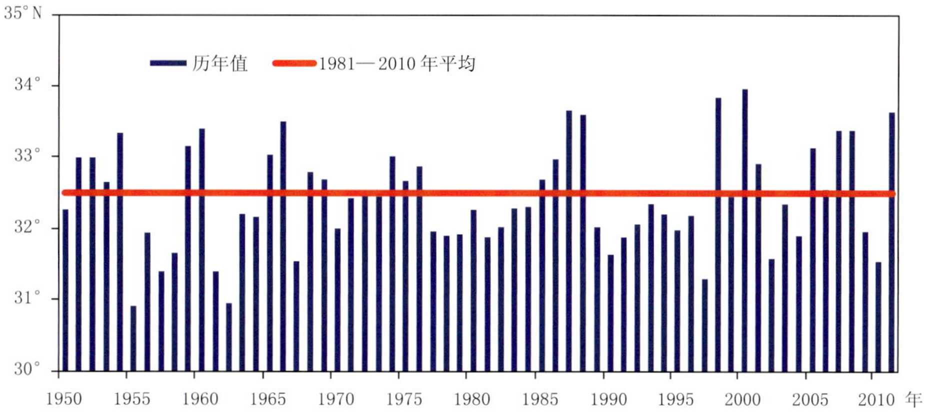

图 1.23　1950/1951—2011/2012 年冬季东亚副热带西风急流核纬向位置历年序列图

(4)北极涛动

2011/2012 年冬季，北极涛动指数维持正位相，指数强度为 0.66(图 1.24)。从季内变化来看，2012 年 1 月中旬前基本维持正位相，1 月下旬至 2 月上旬维持负位相，2 月中旬以后再转为正位相(图 1.25)。

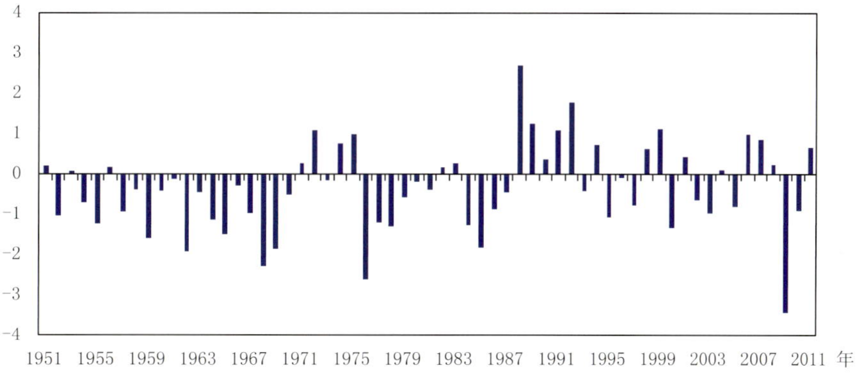

图 1.24　1951/1952—2011/2012 年冬季北极涛动指数历年序列图

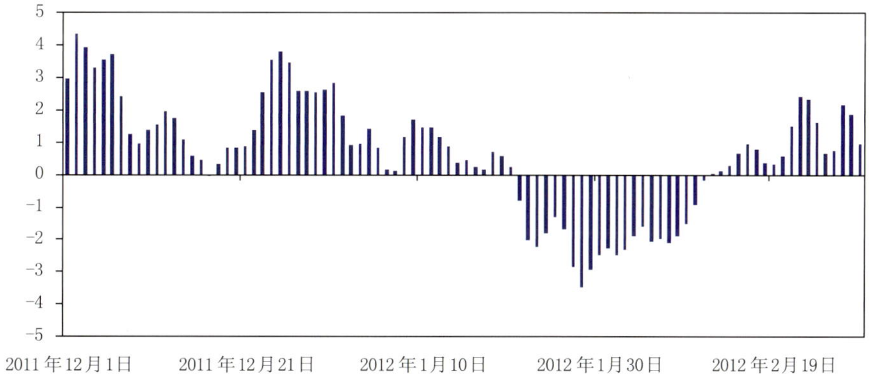

图 1.25　2011 年 12 月 1 日—2012 年 2 月 28 日北极涛动指数变化图

1.5.3 高低空环流

(1)海平面气压场

2011/2012 年冬季(图 1.26),欧亚大陆上自乌拉尔山至贝加尔湖一带海平面气压较常年明显偏高,反映了西伯利亚高压偏强的特点。另外,在热带西太平洋海洋性大陆至印度洋地区以及西北太平洋地区,海平面气压却较常年偏弱。其中,季内各月变化见图 1.27～图 1.29。

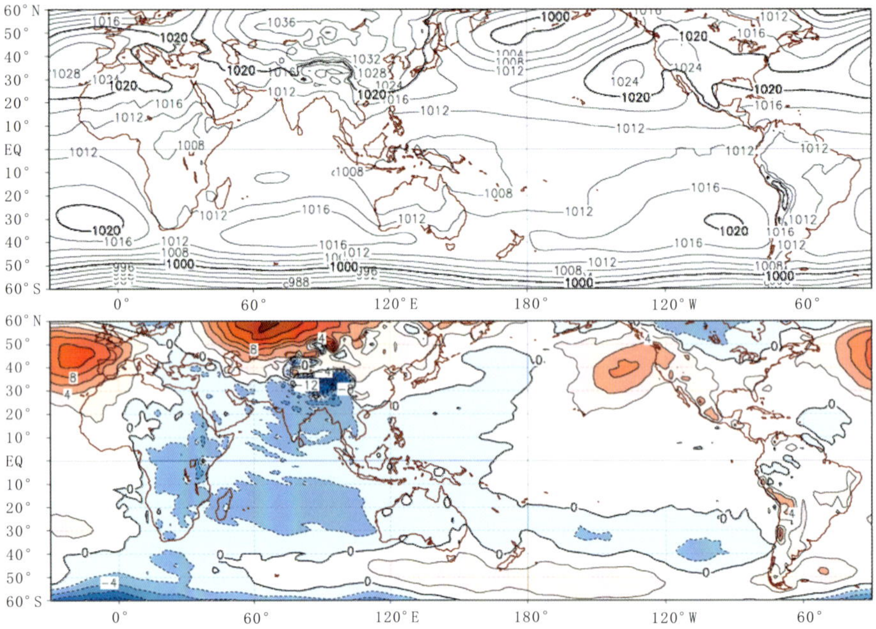

图 1.26　2011/2012 年冬季海平面气压场(上)及距平(下)分布图(单位:hPa)

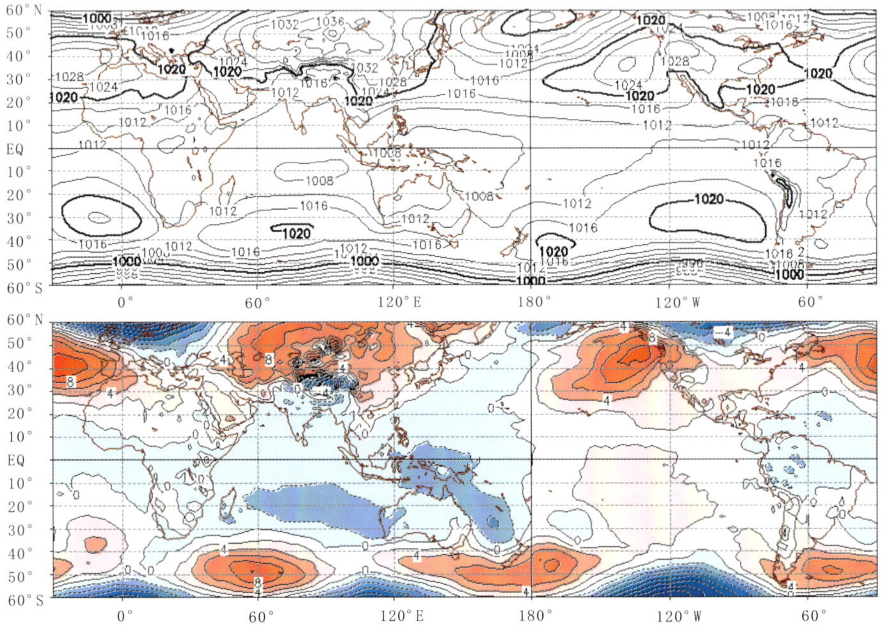

图 1.27　2011 年 12 月海平面气压场(上)及距平(下)分布图(单位:hPa)

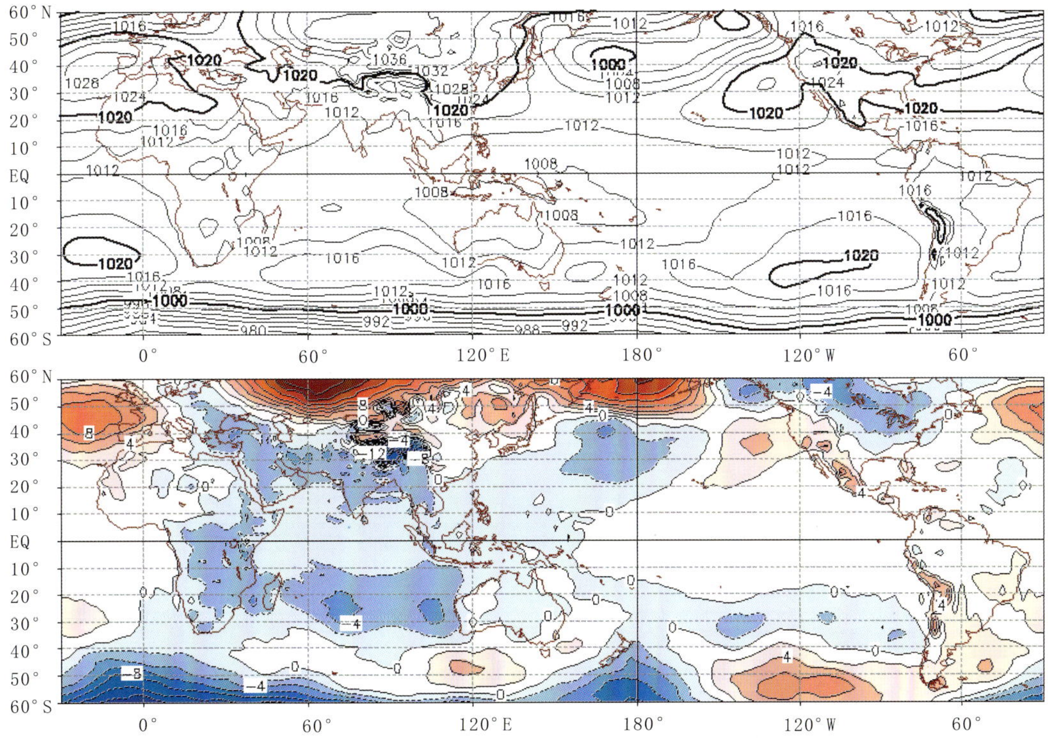

图 1.28 2012 年 1 月海平面气压场(上)及距平(下)分布图(单位:hPa)

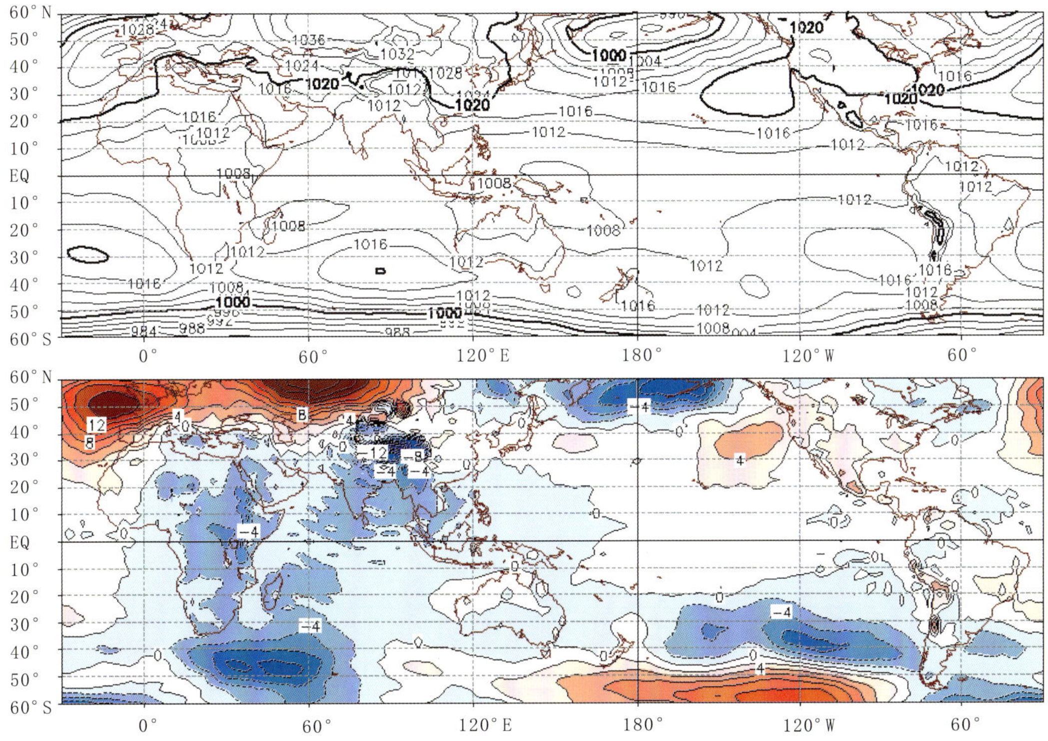

图 1.29 2012 年 2 月海平面气压场(上)及距平(下)分布图(单位:hPa)

(2)850 hPa 风场

2011/2012 年冬季,850 hPa 异常风场上,我国东部地区始终处于来自北太平洋地区的异常偏东风的控制下(图 1.30)。其中,季内各月变化见图 1.31～图 1.33。

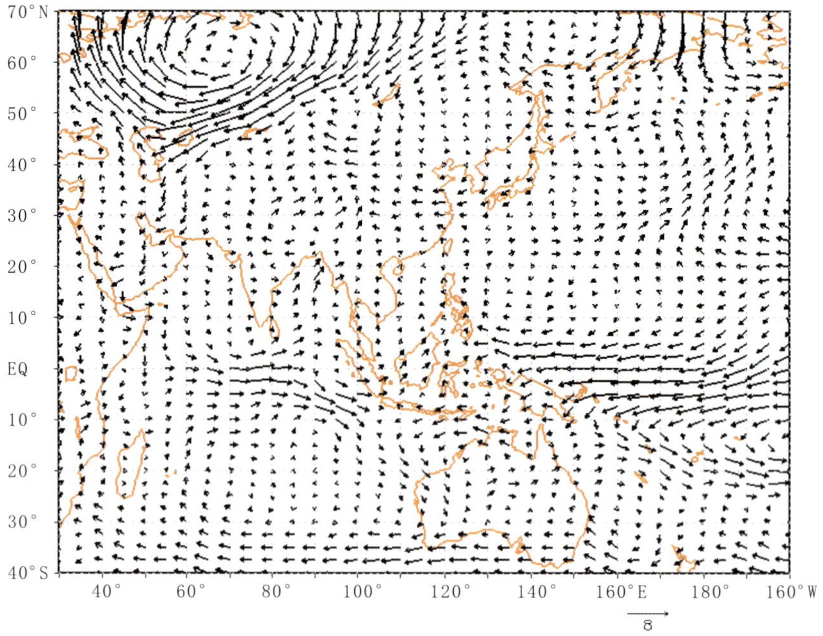

图 1.30　2011/2012 年冬季 850 hPa 风场距平分布图(单位:m/s)

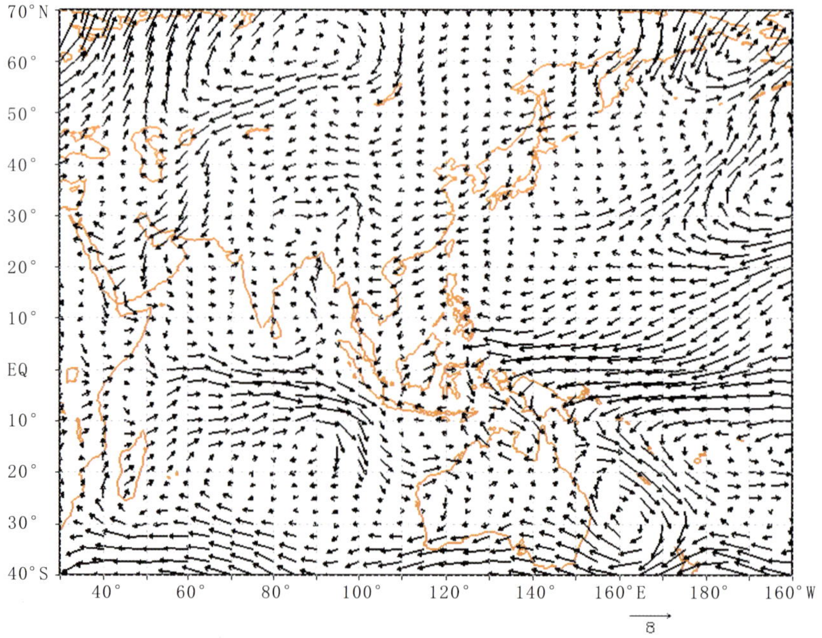

图 1.31　2011 年 12 月 850 hPa 风场距平分布图(单位:m/s)

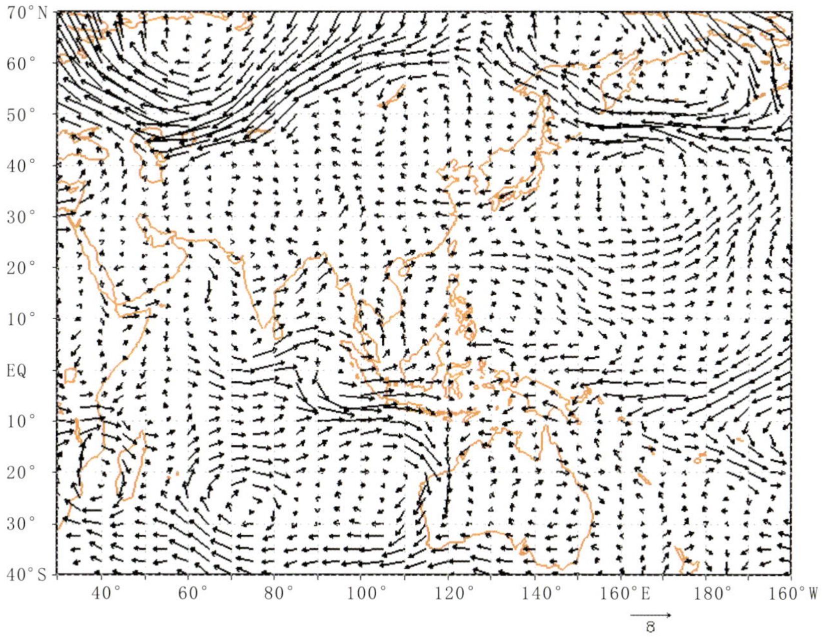

图 1.32 2012 年 1 月 850 hPa 风场距平分布图(单位:m/s)

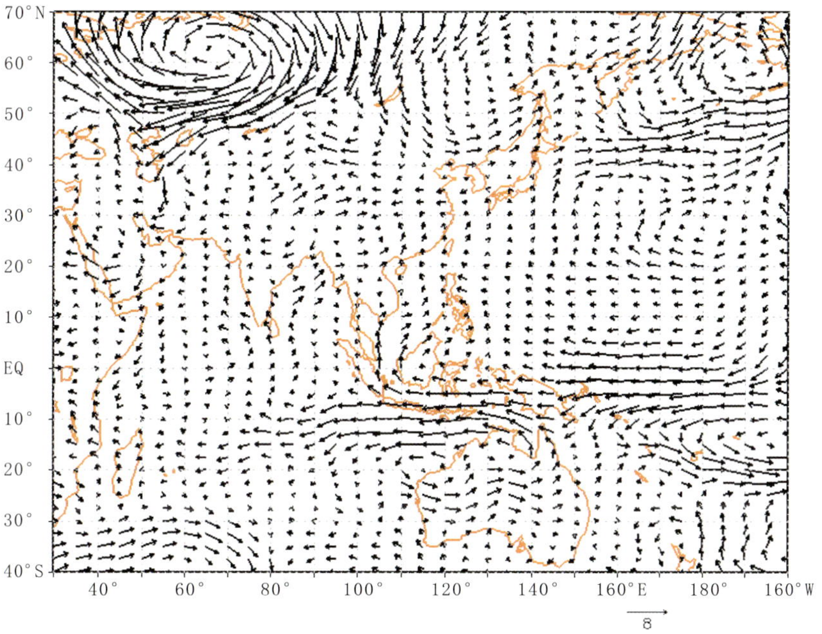

图 1.33 2012 年 2 月 850 hPa 风场距平分布图(单位:m/s)

(3)水汽输送

2011/2012 年冬季，整层积分水汽输送异常场上(图 1.34)，东亚西南部地区受到来自印度洋的西南风异常水汽输送和来自西北太平洋地区的东南风异常水汽输送的共同影响。其中，季内各月变化见图 1.35～图 1.37。

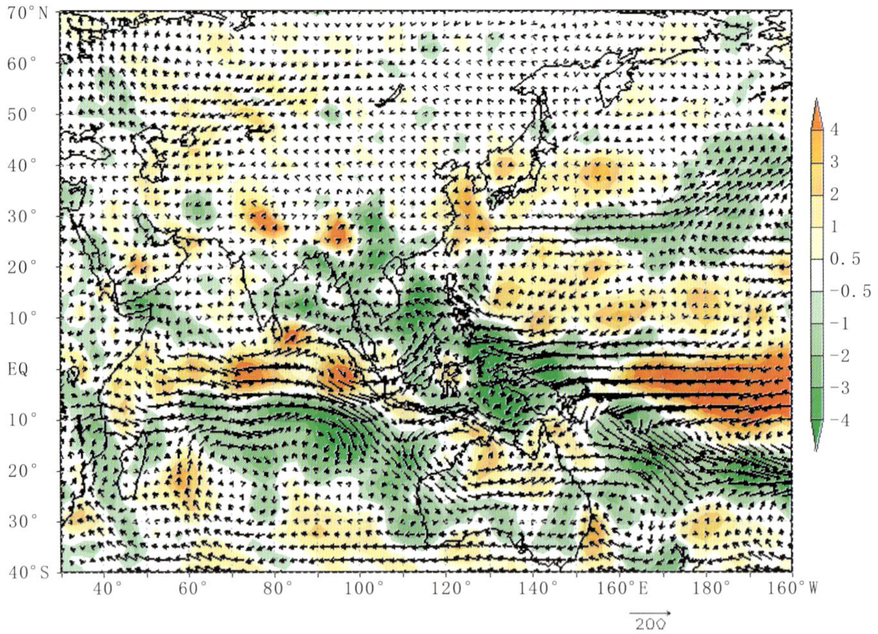

图 1.34　2011/2012 年冬季整层积分水汽输送(矢量;单位:kg/(s·m))和辐合辐散距平(彩色阴影;单位:10^{-5} kg/(s·m^2))分布图

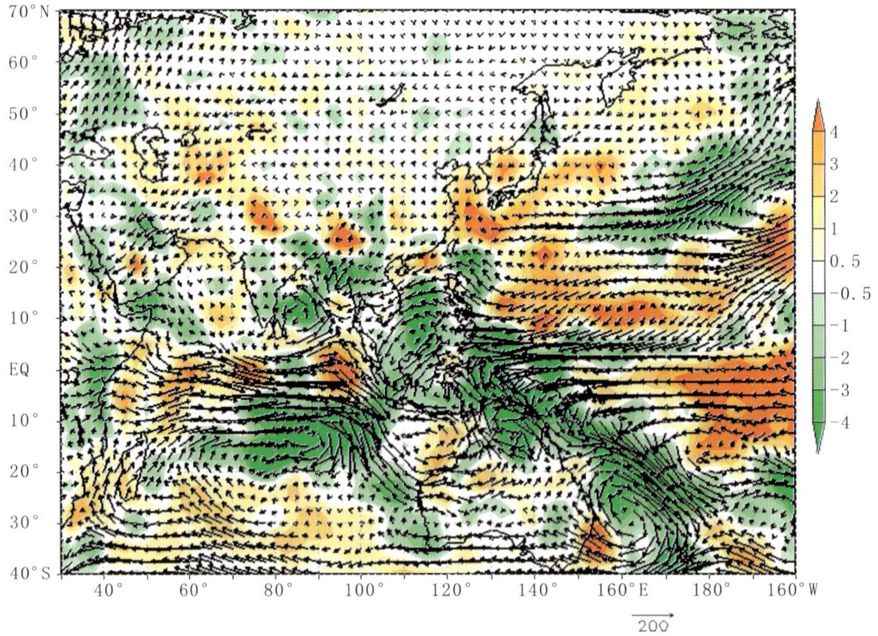

图 1.35　2011 年 12 月整层积分水汽输送(矢量;单位:kg/(s·m))和辐合辐散距平(彩色阴影;单位:10^{-5} kg/(s·m^2))分布图

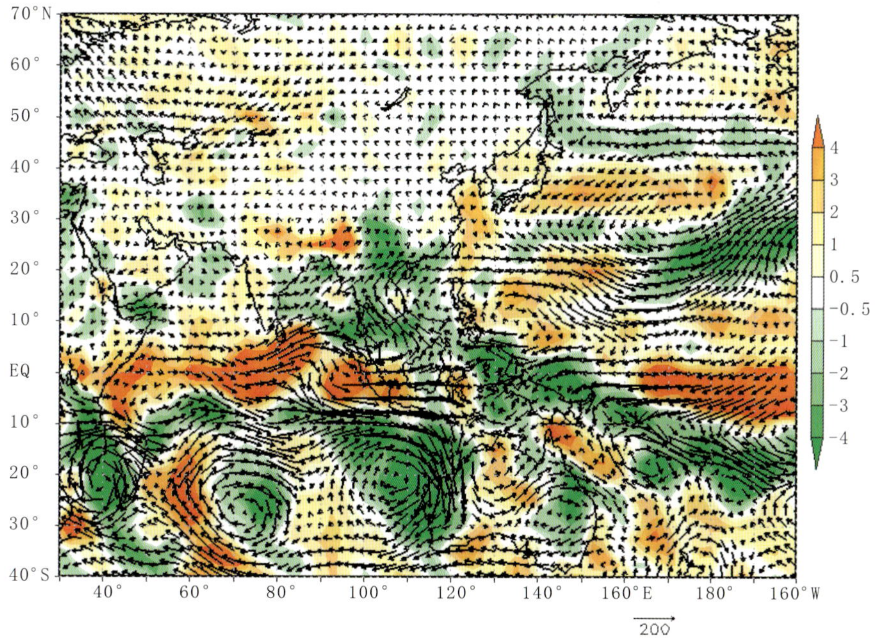

图 1.36　2012 年 1 月整层积分水汽输送(矢量;单位:kg/(s·m))和辐合辐散距平(彩色阴影;单位:10^{-5} kg/(s·m^2))分布图

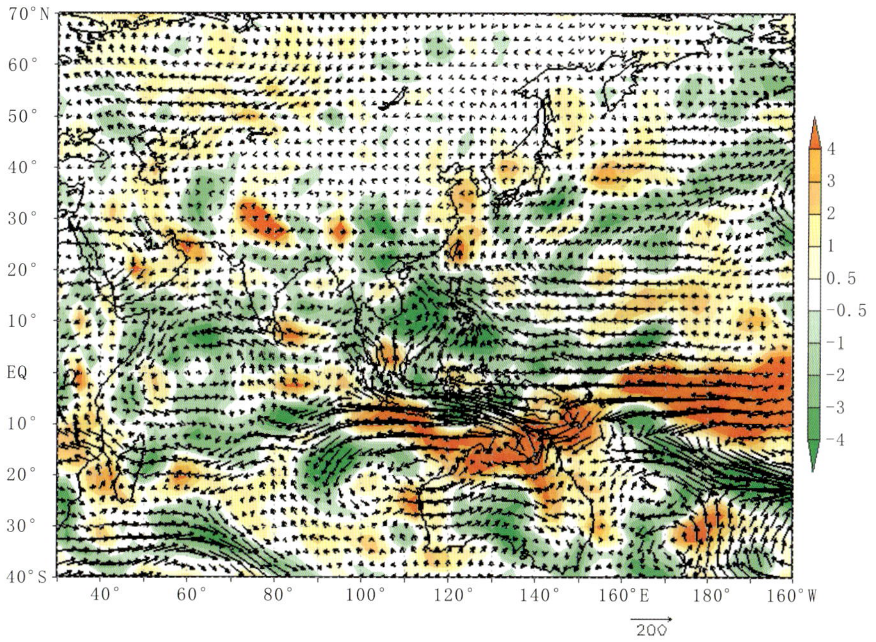

图 1.37　2012 年 2 月整层积分水汽输送(矢量;单位:kg/(s·m))和辐合辐散距平(彩色阴影;单位:10^{-5} kg/(s·m^2))分布图

(4)500 hPa 高度场

2011/2012 年冬季，500 hPa 高度场上(图 1.38)，北半球欧亚中高纬地区，自北大西洋沿副极地波导，维持着一支呈现“＋－＋－”异常分布的波列。受此异常波列的影响，北大西洋地区、乌拉尔山及西西伯利亚地区高度场异常偏高，东亚大槽明显偏深。这样的环流形势，显然有利于来自中高纬地区的冷空气沿高空槽后，南下影响东亚东部地区。其中，季内各月变化见图 1.39～图 1.41。

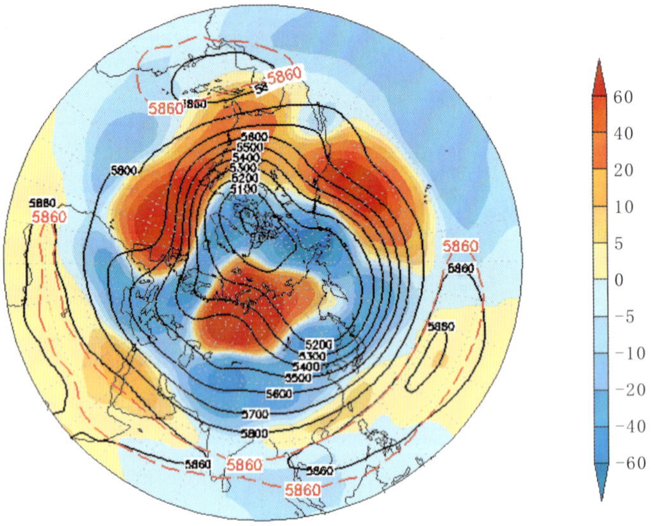

图 1.38　2011/2012 年冬季 500 hPa 位势高度平均值(等值线)及距平(彩色阴影)分布图(单位：gpm)(红色等值线表示气候平均的 5860 gpm 和 5880 gpm 等值线，近似代表西太副高气候平均的位置)

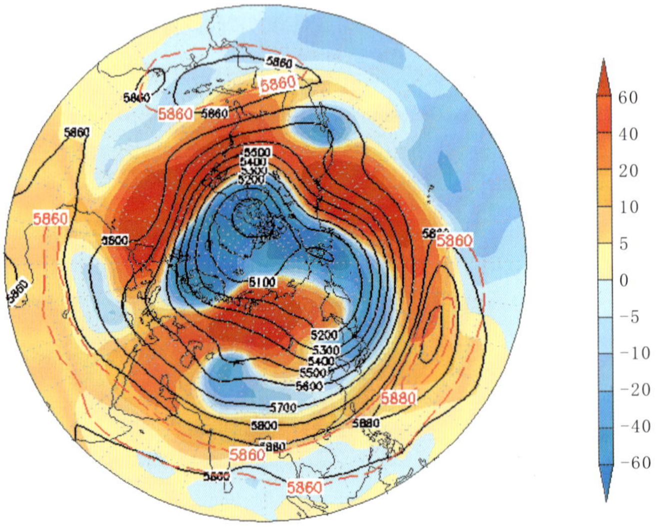

图 1.39　2011 年 12 月 500 hPa 位势高度平均值(等值线)及距平(彩色阴影)分布图(单位：gpm)(红色等值线表示气候平均的 5860 gpm 和 5880 gpm 等值线，近似代表西太副高气候平均的位置)

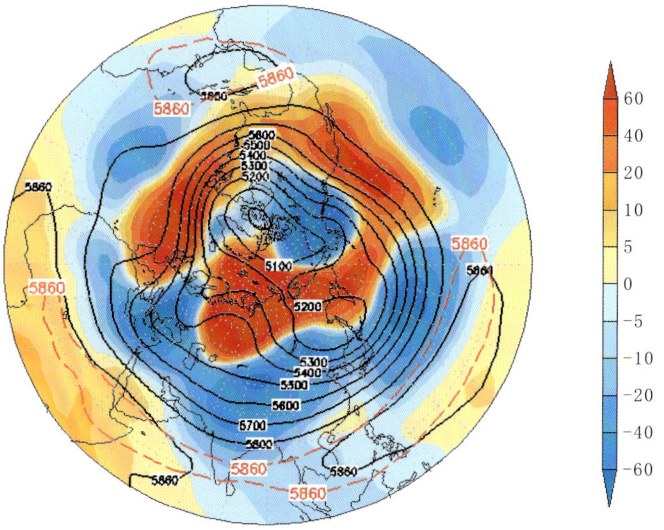

图 1.40 2012 年 1 月 500 hPa 位势高度平均值(等值线)及距平(彩色阴影)分布图(单位:gpm)(红色等值线表示气候平均的 5860 gpm 和 5880 gpm 等值线,近似代表西太副高气候平均的位置)

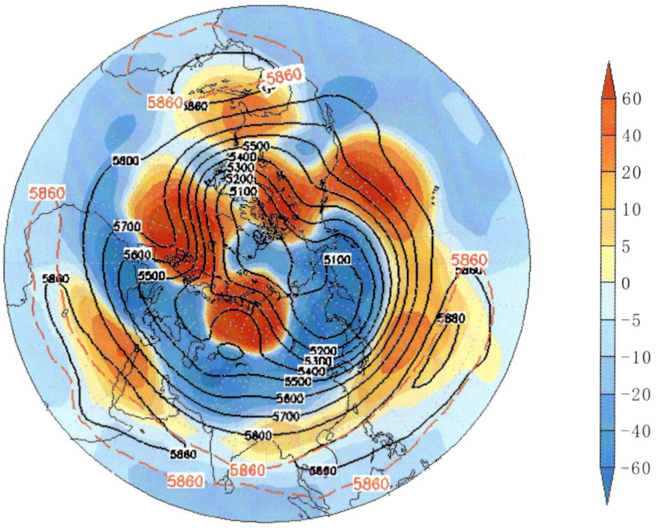

图 1.41 2012 年 2 月 500 hPa 位势高度平均值(等值线)及距平(彩色阴影)分布图(单位:gpm)(红色等值线表示气候平均的 5860 gpm 和 5880 gpm 等值线,近似代表西太副高气候平均的位置)

(5)200 hPa 纬向风场

2011/2012 年冬季,200 hPa 纬向风场上,东亚副热带西风急流偏西、偏北、偏强(图 1.42)。其中,季内各月变化见图 1.43～图 1.45。

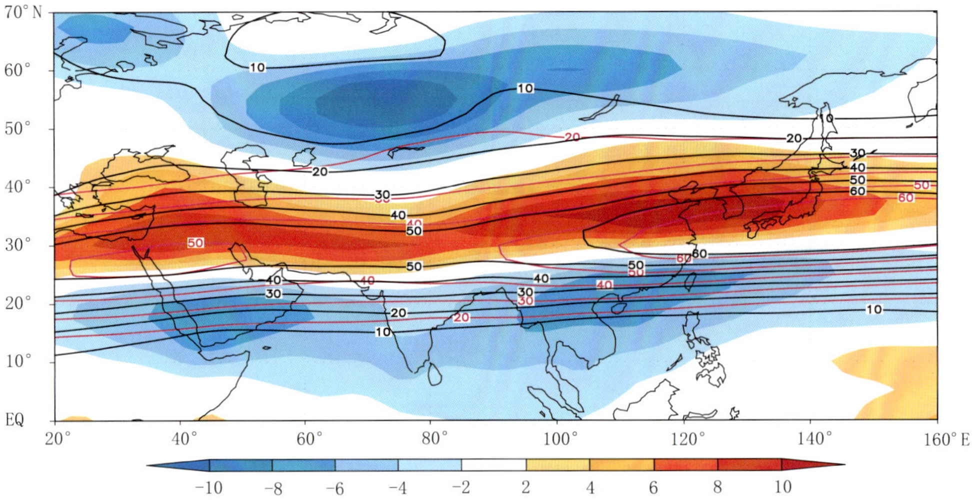

图 1.42　2011/2012 年冬季 200 hPa 纬向风平均场(等值线)及距平场(彩色阴影)分布图(单位:m/s)(红色等值线表示气候平均的 20～60 m/s 等值线，近似代表急流中心气候平均的位置)

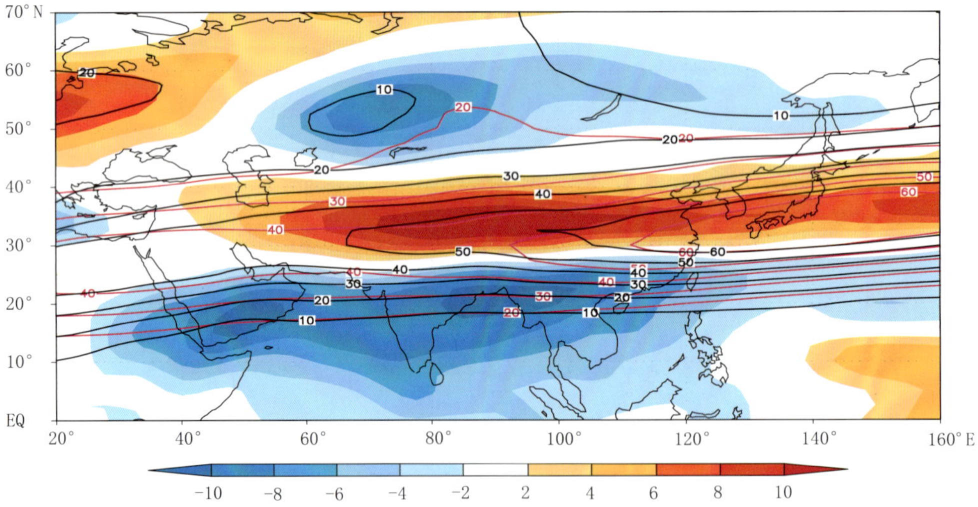

图 1.43　2011 年 12 月 200 hPa 纬向风平均场(等值线)及距平场(彩色阴影)分布图(单位:m/s)(红色等值线表示气候平均的 20～60 m/s 等值线，近似代表急流中心气候平均的位置)

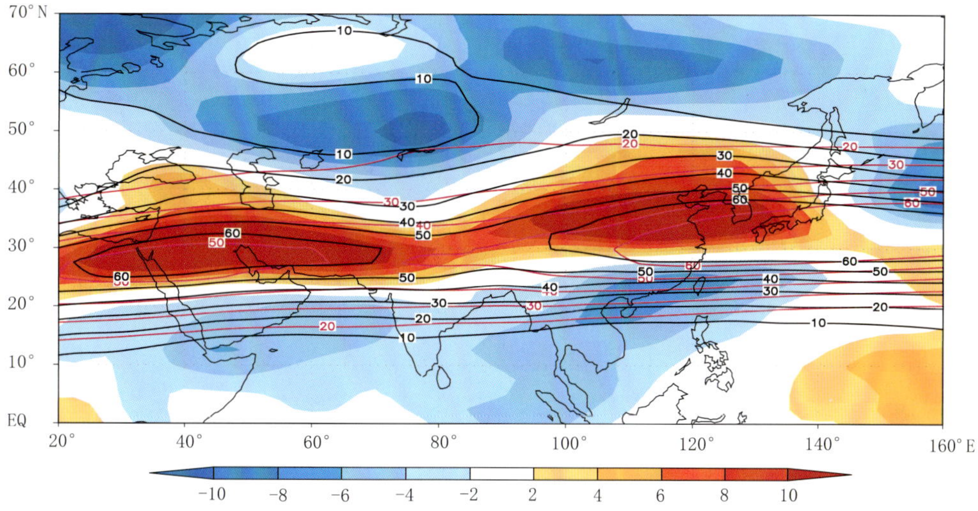

图 1.44 2012 年 1 月 200 hPa 纬向风平均场(等值线)及距平场(彩色阴影)分布图(单位:m/s)(红色等值线表示气候平均的 20～60 m/s 等值线,近似代表急流中心气候平均的位置)

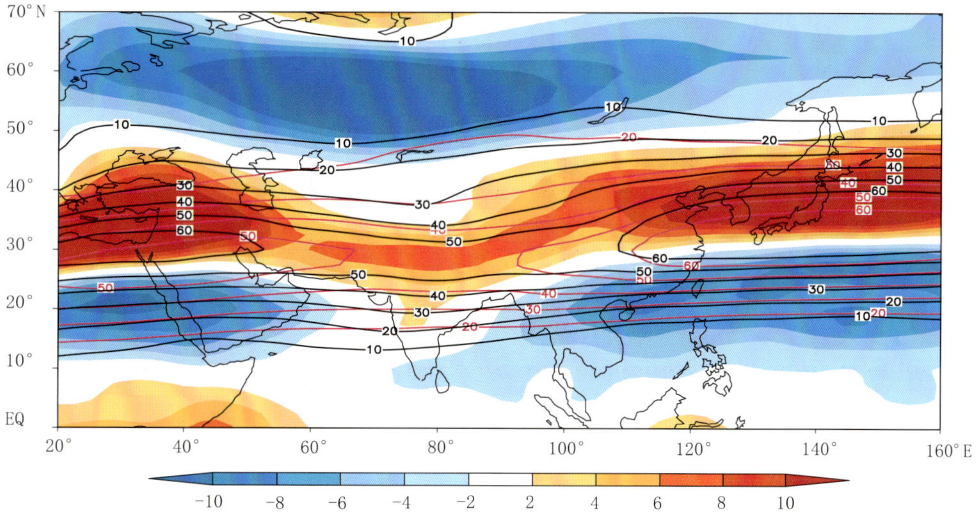

图 1.45 2012 年 2 月 200 hPa 纬向风平均场(等值线)及距平场(彩色阴影)分布图(单位:m/s)(红色等值线表示气候平均的 20～60 m/s 等值线,近似代表急流中心气候平均的位置)

1.5.4 阻塞高压活动

在 2012 年 2 月以前,欧亚地区无明显的持续性阻塞活动,但在 2 月初乌拉尔山地区阻塞开始发展并维持到 2 月下旬左右。与此同时,2 月中旬时,北太平洋地区的阻塞开始活跃并逐步西退,使得 2 月中旬以后,东亚地区处于乌拉尔山、鄂霍次克海阻塞同时活跃的形势影响下,有利于冷空气南下(图 1.46)。

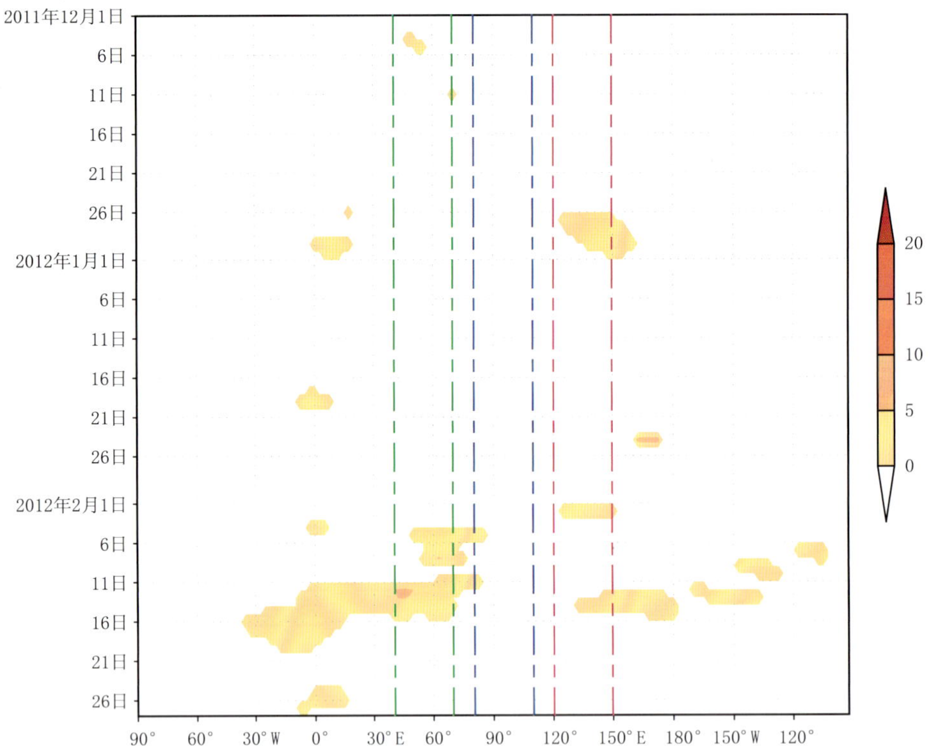

图 1.46 2011/2012 年冬季北半球阻塞高压指数时间—经度演变特征图(单位:gpm/纬度)

1.5.5 平流层过程

2012 年 1 月下旬至 2 月上旬,欧洲和亚洲地区经历了异常寒冷的天气过程:整个欧洲都笼罩在异常低温的控制之下,一些地区的低温突破 30 年来的历史记录。值得注意的是,这次低温天气过程发生的时间与北极涛动(AO)从正位相转变为负位相相匹配。由 2011/2012 年冬季逐日 AO 指数不难看出,这次低温严寒事件的发生与 AO 的位相转变相对应。AO 指数在 2012 年 1 月下旬转变为负,又在 2 月中旬再次转为正值。那么 AO 为什么会在这段时间位相由正转负?对北纬 60°N 的 10 hPa 高度层纬向风的变化分析可以发现(图 1.47),自 2011 年 11 月以来,平流层的极夜急流强于气候平均态,从 12 月 17 日开始,出现了明显的减弱,到月底时一直在气候平均态附近小幅波动,直到 2012 年 1 月 5 日再次开始大幅度地减弱,从 35 m/s 一直减小到约 8 m/s,在这段时间内极区平流层的温度也大幅攀升。根据平流层暴发性增温事件的标准,虽然北纬 60°N、10 hPa 高度层上的纬向西风很弱,但并未反向变为东风,因此,达不到强增温的标准。由于 10 hPa 高度层上北纬 60°N 和 90°N 的温度梯度出现了反转,极区平流层比中纬度平流层更暖,因此,可以认为发生了弱增温事件。

综合以上分析,平流层纬向西风的减弱和温度的升高在发生的时间上早于地表 AO 的变化,领先 10 天到两周左右。由此可以推测,AO 位相的转变很可能是来源于平流层环流异常变化的向下传播。

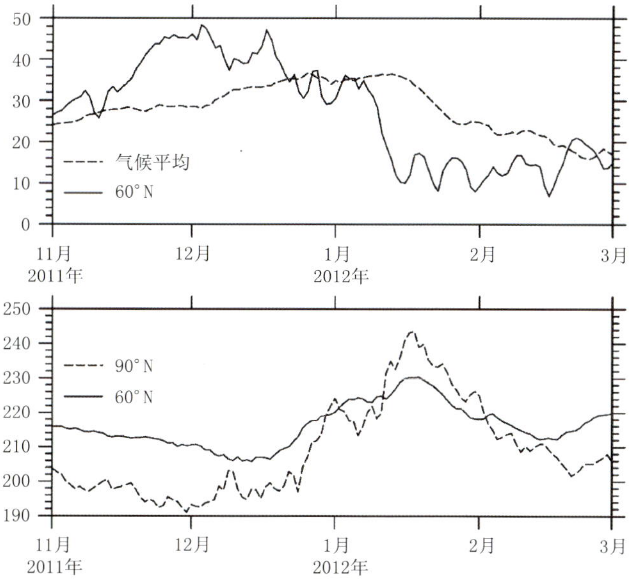

图 1.47 2011—2012 年 60°N 的 10 hPa 层纬向平均风场及其 30 年(1981—2010 年)气候平均(上,单位:m/s)和 60°N 与 90°N 的 10 hPa 高度层纬向平均温度(下,单位:K)的演变图

1.6 MJO 活动

2011/2012 年冬季,MJO 活动总体强度偏弱(图 1.48)。具体来说,2011 年 11 月,MJO 强度偏强,进入 12 月以后,MJO 强度开始减弱。12 月上半月,MJO 由西印度洋沿赤道向东传播至东印度洋,下半月,MJO 又往回传播。2012 年 1 月,异常弱的 MJO 由西半球传播至印度洋和太平洋之间的海洋大陆,2 月中下旬,MJO 又在太平洋开始增强,并传播至西印度洋地区。

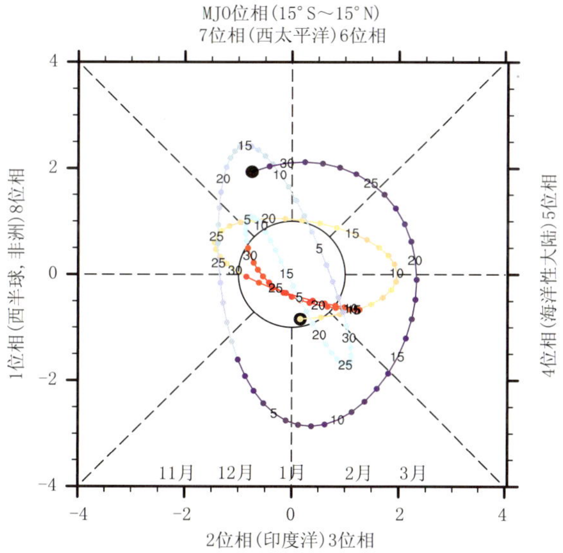

图 1.48 2011 年 11 月—2012 年 3 月 MJO 指数演变图
(MJO 指数在中心圆以内强度偏弱,反之亦然)

第 2 章　东亚夏季风

2012 年夏季，除东亚东北部局部地区气温略偏低外，其余大部分地区气温较常年偏高。季内，我国黄淮等地发生极端高温事件。夏季，东亚降水呈“北多南少”分布，东亚南部地区降水偏少，而东亚中北部地区降水偏多。季内，东亚地区降水总体维持“北多南少”形势，我国北方多地出现极端降水事件。

从夏季风进程看，亚洲热带夏季风最早于 4 月底在安达曼海及中南半岛附近地区暴发，之后向北推进，受其影响南海夏季风于 5 月第 4 候左右暴发，10 月第 3 候结束，较常年暴发偏早，结束偏晚，强度偏弱。东亚副热带夏季风偏强。夏季风系统成员中，澳大利亚高压略偏强、马斯克林高压偏弱，西太平洋副热带高压强度偏弱、面积偏小、位置偏北、偏东。西北太平洋地区热带辐合带强度偏强。越赤道气流中，索马里越赤道气流偏弱，孟加拉湾越赤道气流偏强，而南海及菲律宾越赤道气流均偏强。南亚高压强度接近常年，中心位置偏北。东亚副热带西风急流偏弱、位置偏南。

另外，夏季 30～60 天大气季节内振荡（ISO）较为活跃。5 月下旬，西太平洋的 ISO 向西传播，在 6 月初传播到南海，促使南海夏季风加强。ISO 的经向传播主要局限于 40°N 以南区域，并且在 8 月以后，ISO 没有显著的经向传播特征。

2.1　夏季气温

2.1.1　东亚气温

2012 年夏季，除东亚东北部局部气温略偏低外，东亚大部分地区气温较常年同期明显偏高 0.5～1.0℃，局部偏高 1.0℃以上（图 2.1）。另外，季内东亚大部气温持续偏高（图 2.2～图 2.4）。

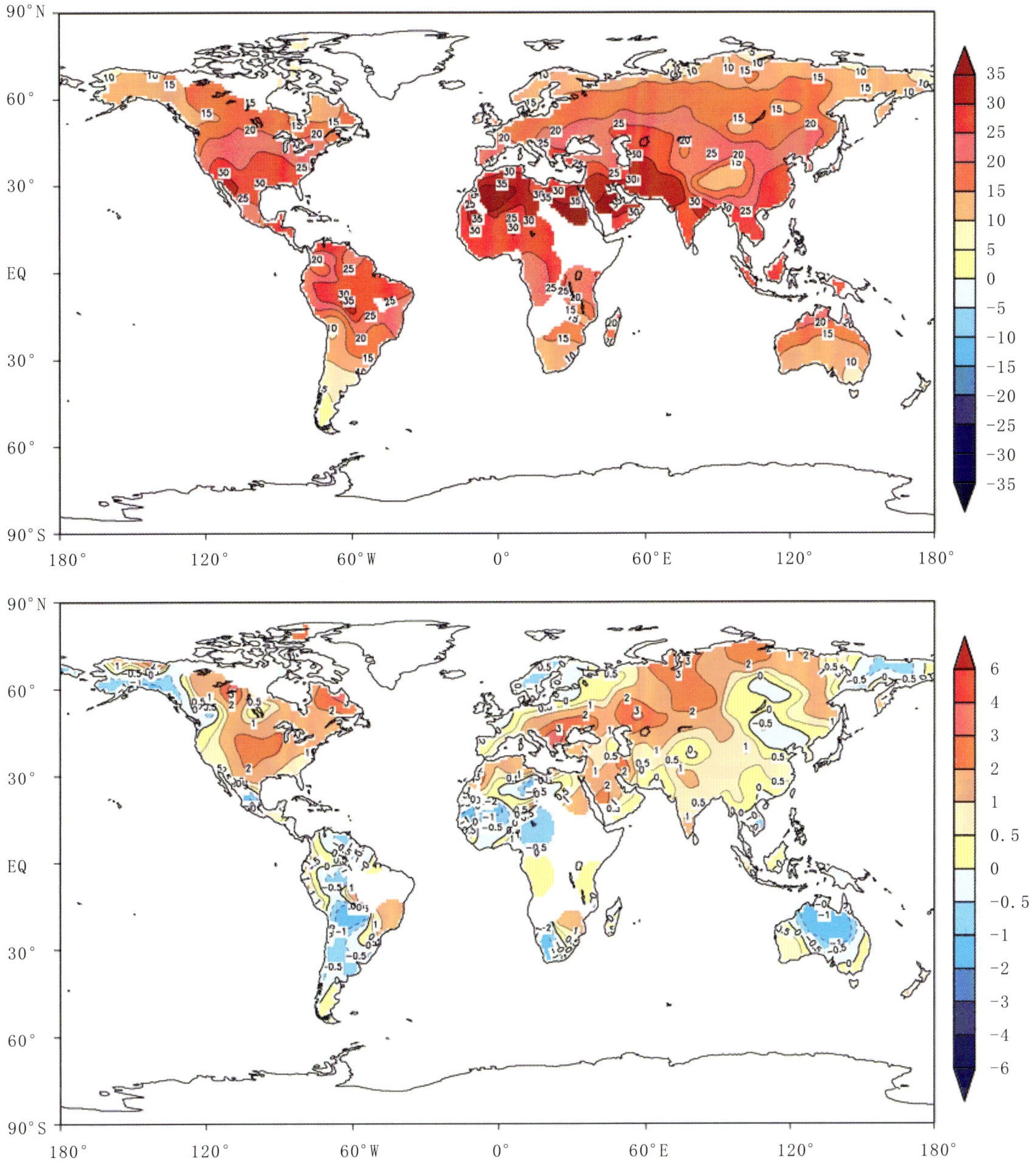

图 2.1 2012 年夏季全球气温(上)及距平(下)分布图(单位:℃)

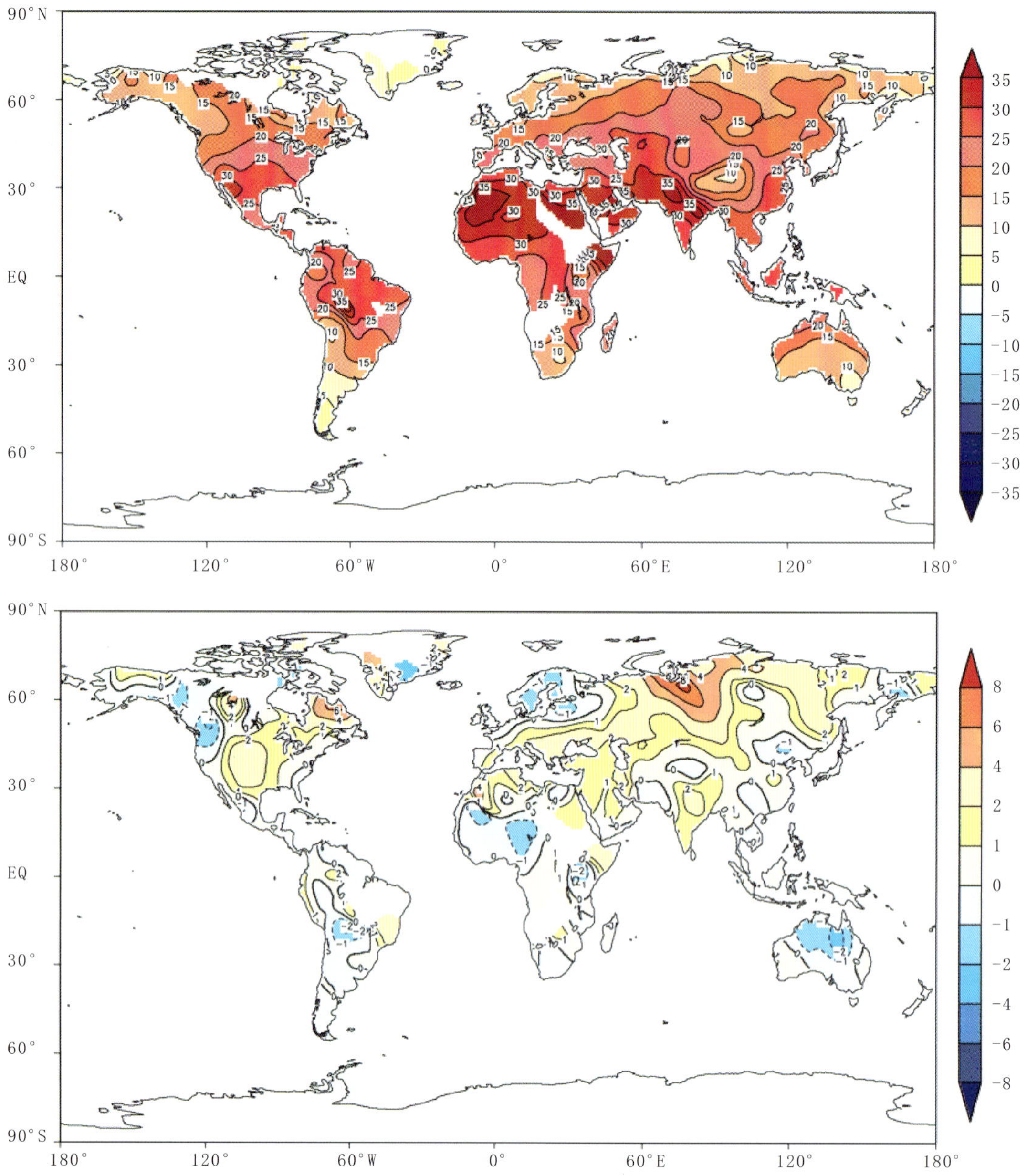

图 2.2 2012 年 6 月全球气温(上)及距平(下)分布图(单位:℃)

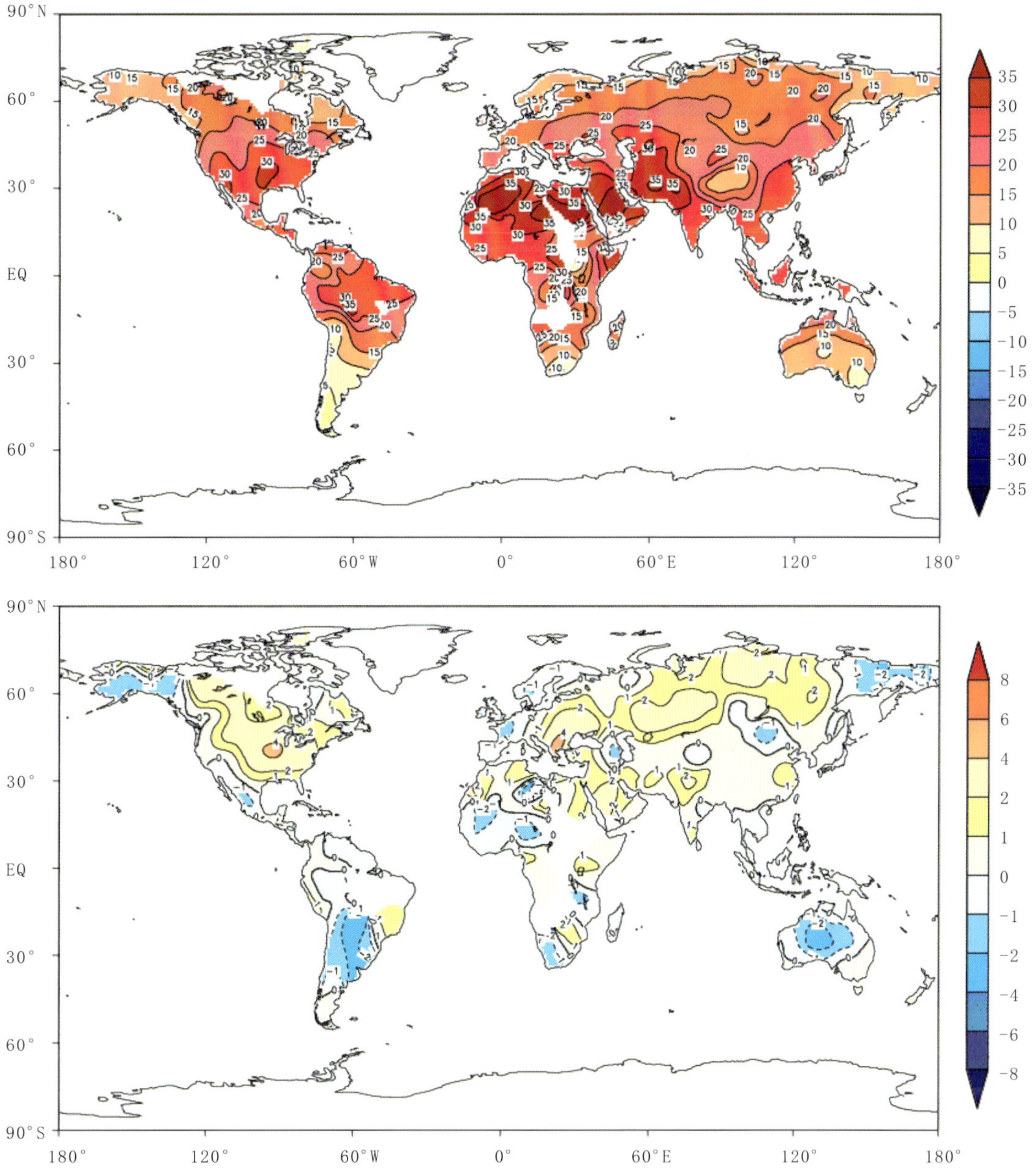

图 2.3 2012 年 7 月全球气温(上)及距平(下)分布图(单位:℃)

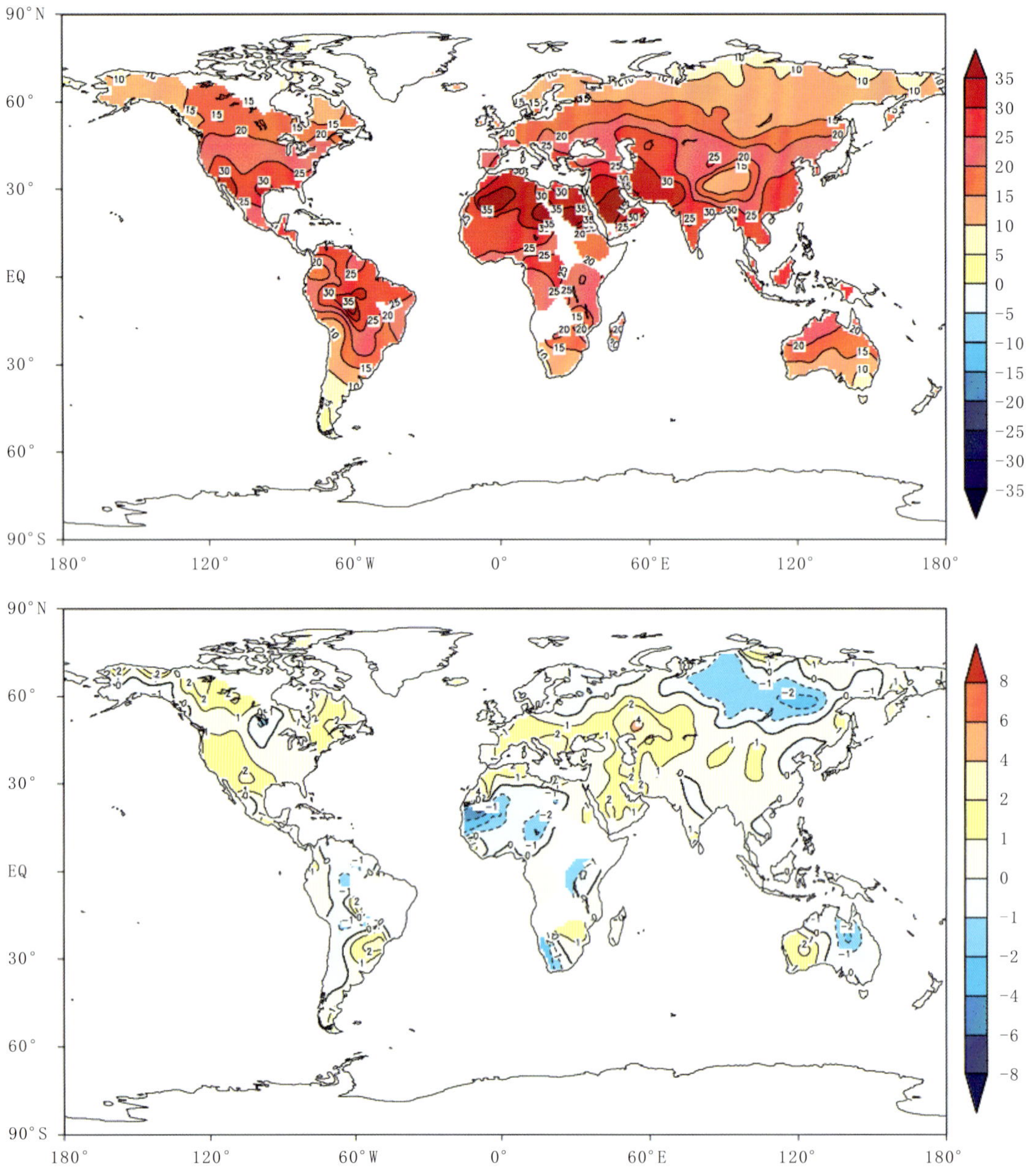

图 2.4　2012 年 8 月全球气温(上)及距平(下)分布图(单位:℃)

2.1.2 中国气温

2012 年夏季，全国平均气温为 21.4℃，较常年同期(20.9℃)偏高 0.5℃(图 2.5)。从空间分布来看，除内蒙古中部、东北地区中南部、西南地区东南部、华北北部局部、新疆西部局部以及海南地区偏低 0～1℃外，全国其余大部分地区气温以偏高为主。其中，新疆北部和东部、西藏及青海西南部局部、甘肃东部以及江淮局部等地气温偏高 1～2℃(图 2.6)。

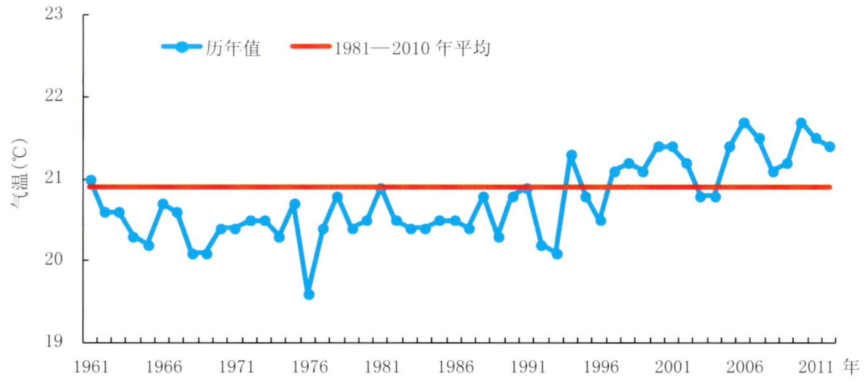

图 2.5 1961—2012 年夏季全国平均气温历年变化图

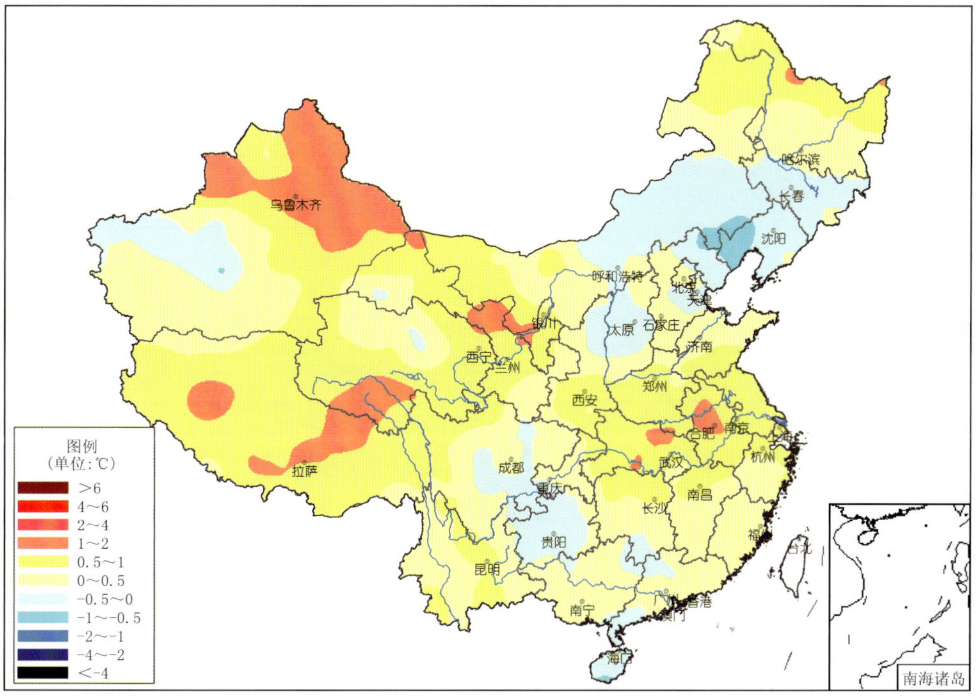

图 2.6 2012 年夏季全国平均气温距平分布图

2.2 夏季降水

2.2.1 东亚降水

2012 年夏季(图 2.7),东亚降水呈“北多南少”分布。其中,东亚南部地区降水偏少不到 3 成,而东亚中北部地区降水较常年明显偏多,尤其在东亚西北部地区,降水量较常年同期偏多 5 成以上。从季内变化来看(图 2.8～图 2.10),盛夏前东亚北部地区降水偏多,后期东亚大部地区降水偏少。

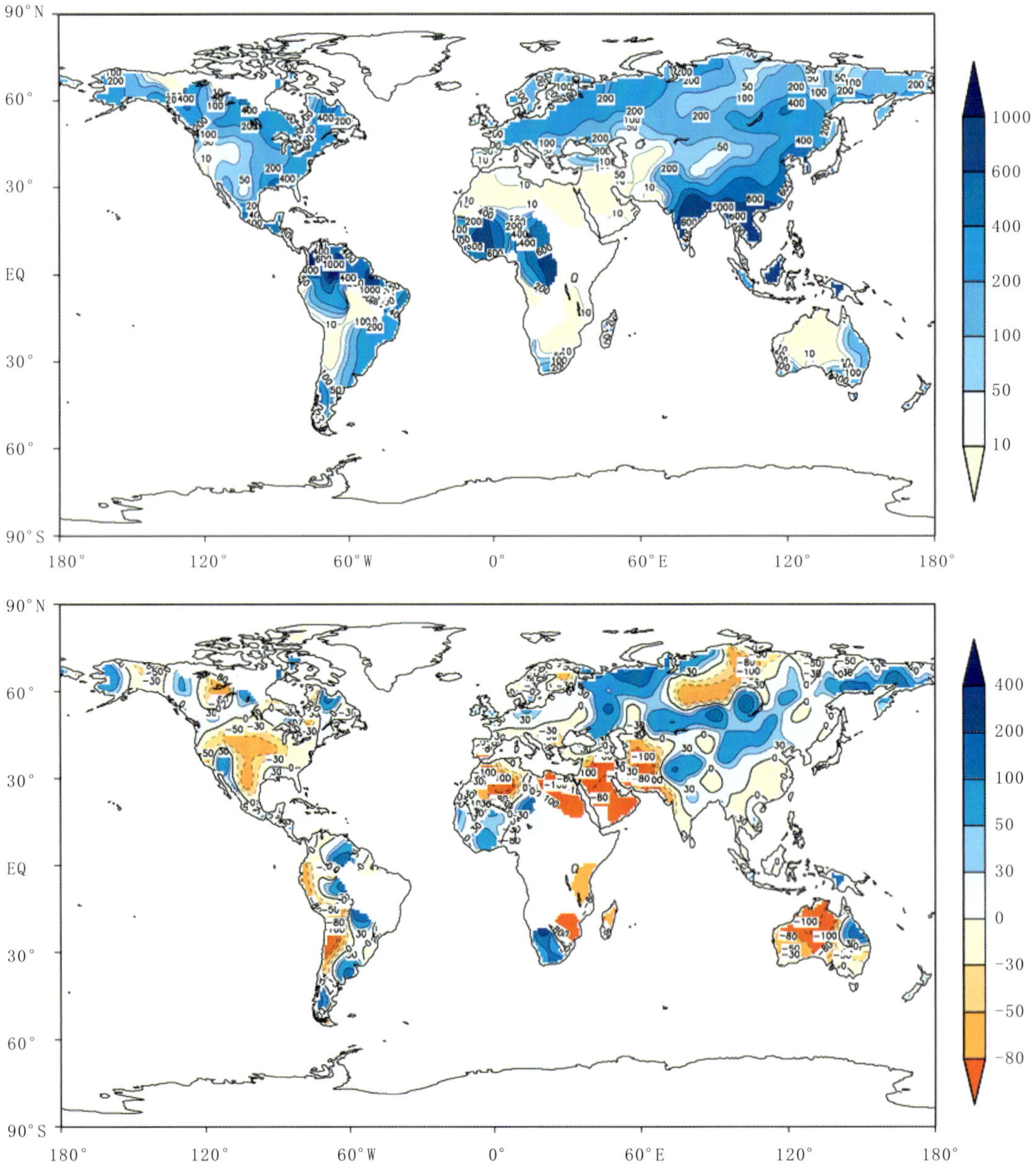

图 2.7　2012 年夏季全球降水量(上，单位:mm)及距平百分率(下，单位:%)分布图

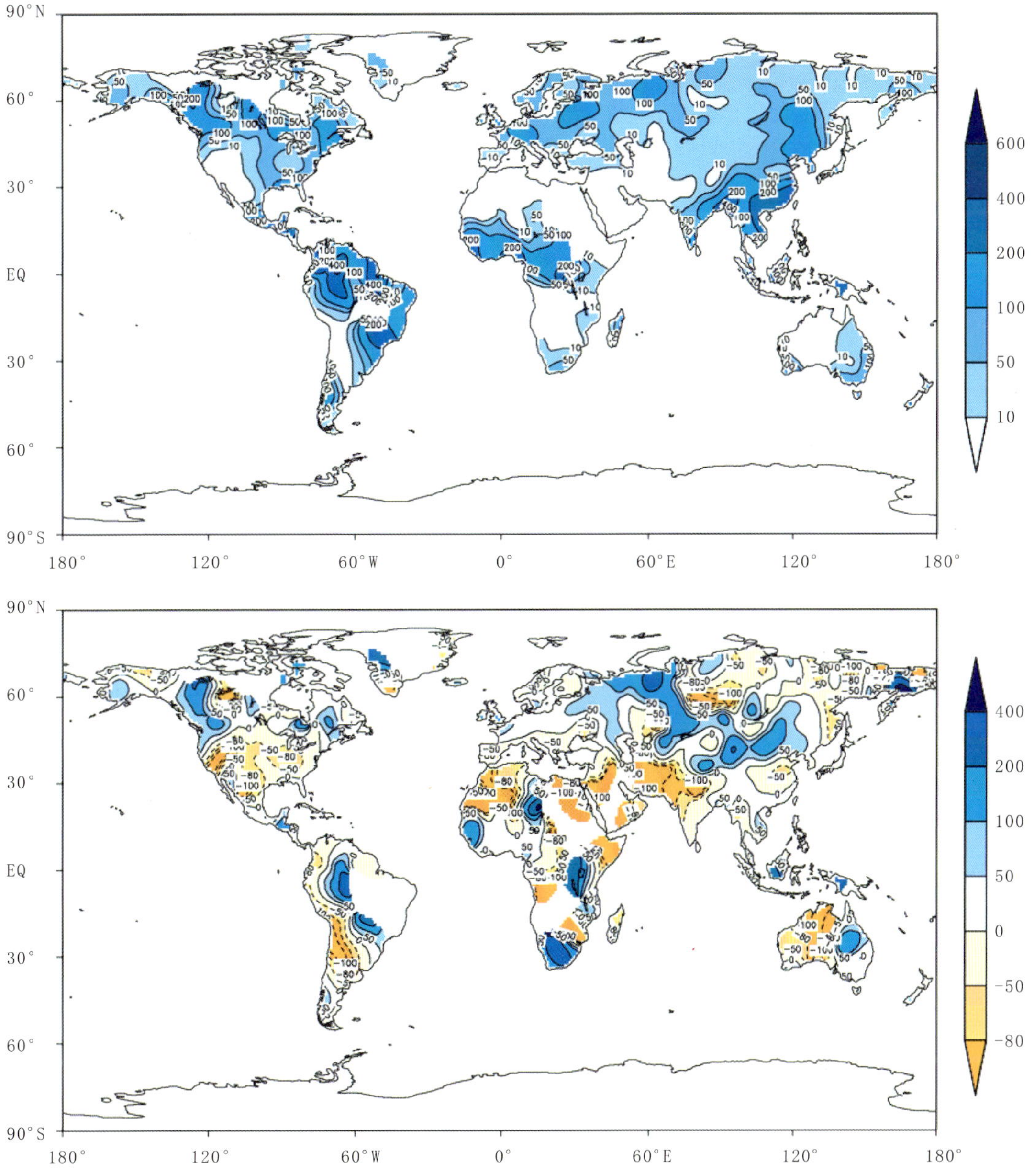

图 2.8　2012 年 6 月全球降水量(上，单位:mm)及距平百分率(下，单位:%)分布图

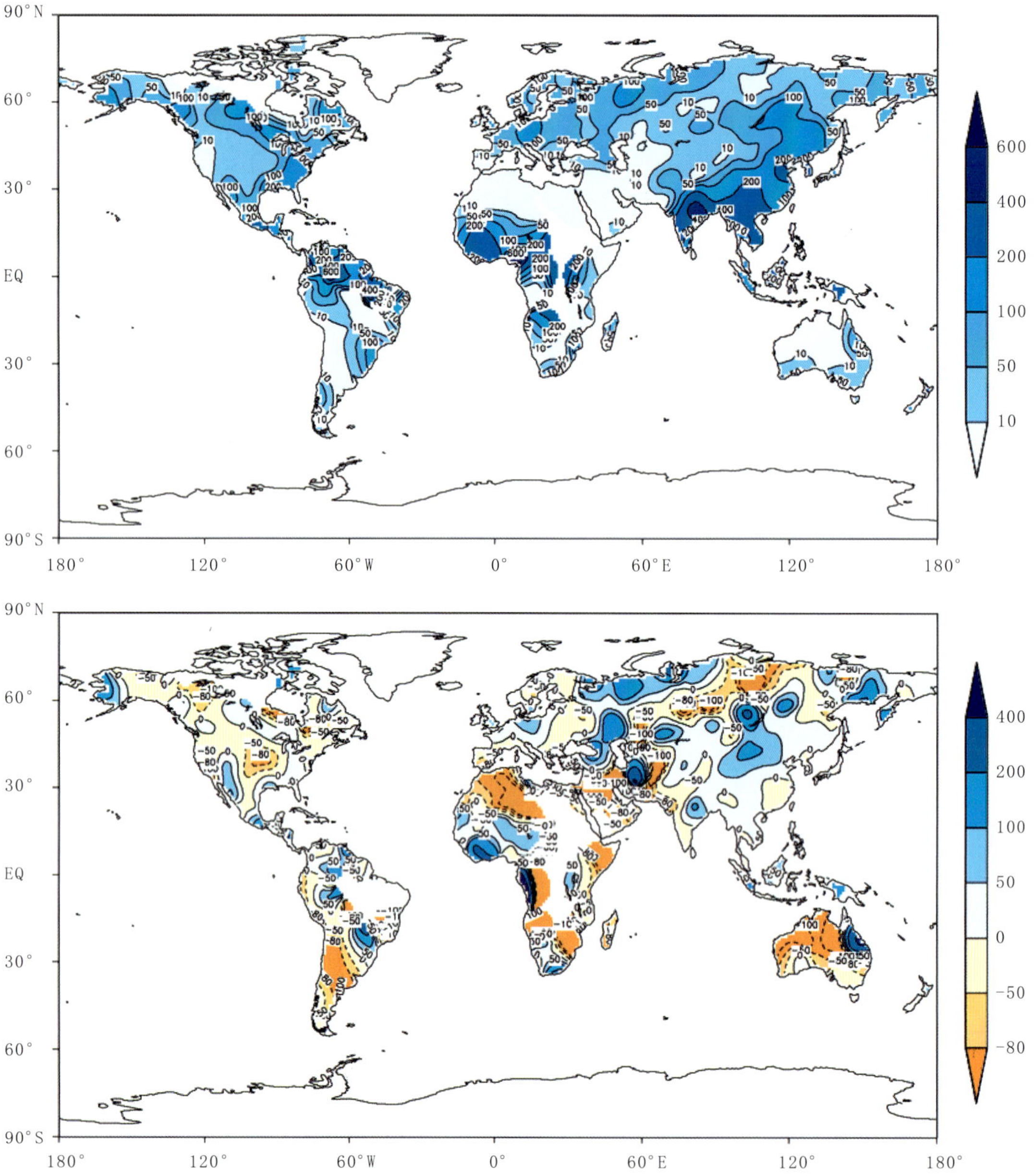

图 2.9　2012 年 7 月全球降水量(上，单位:mm)及距平百分率(下，单位:%)分布图

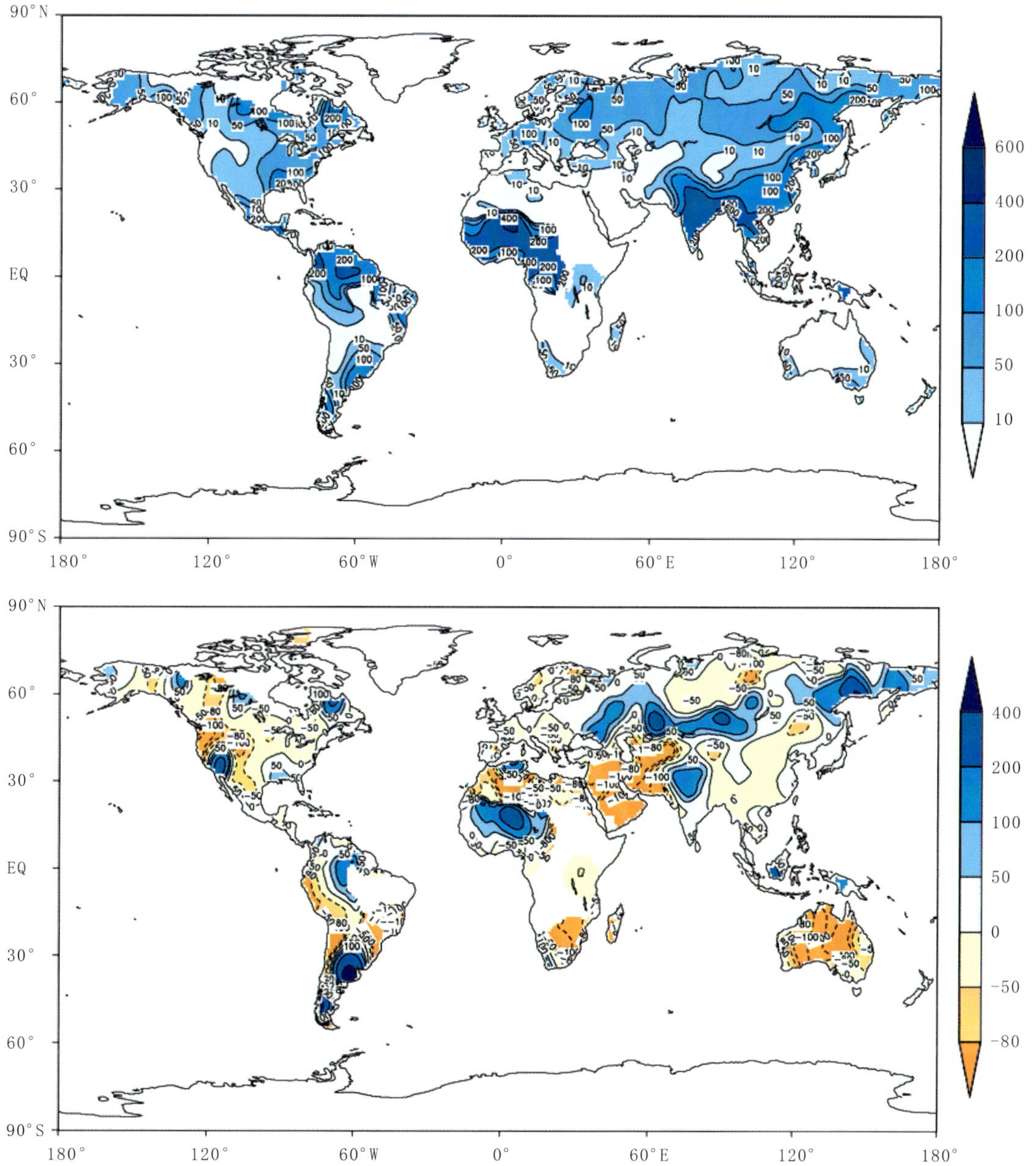

图 2.10 2012 年 8 月全球降水量(上，单位:mm)及距平百分率(下，单位:%)分布图

2.2.2 中国降水

2012 年夏季，全国平均降水量为 335.4 mm，较常年同期（325.2 mm）偏多 3.1%（图 2.11）。从空间分布来看，新疆北部、西北地区西南部和中部、内蒙古大部、东北南部和北部局部、华北东南部、长江三角洲地区及海南局部等地降水偏多 3～5 成，部分地区偏多 5 成以上。黑龙江东北部、江汉大部、重庆大部及华南东南部等地降水偏少 3～5 成（图 2.12）。

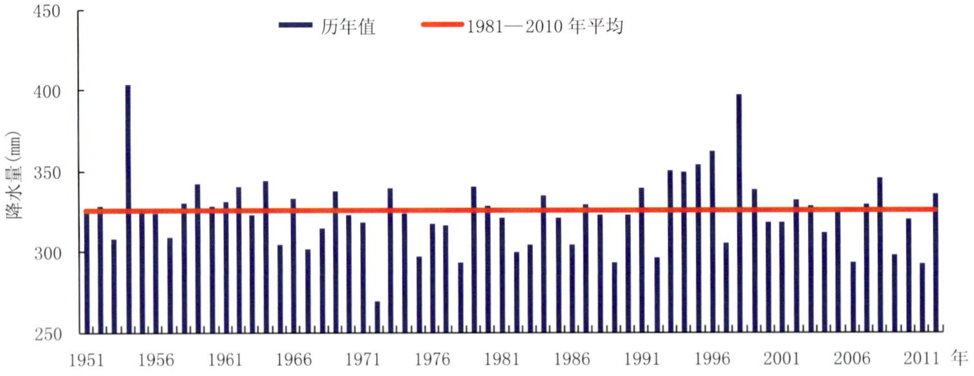

图 2.11　1951—2012 年夏季全国平均降水量历年变化图

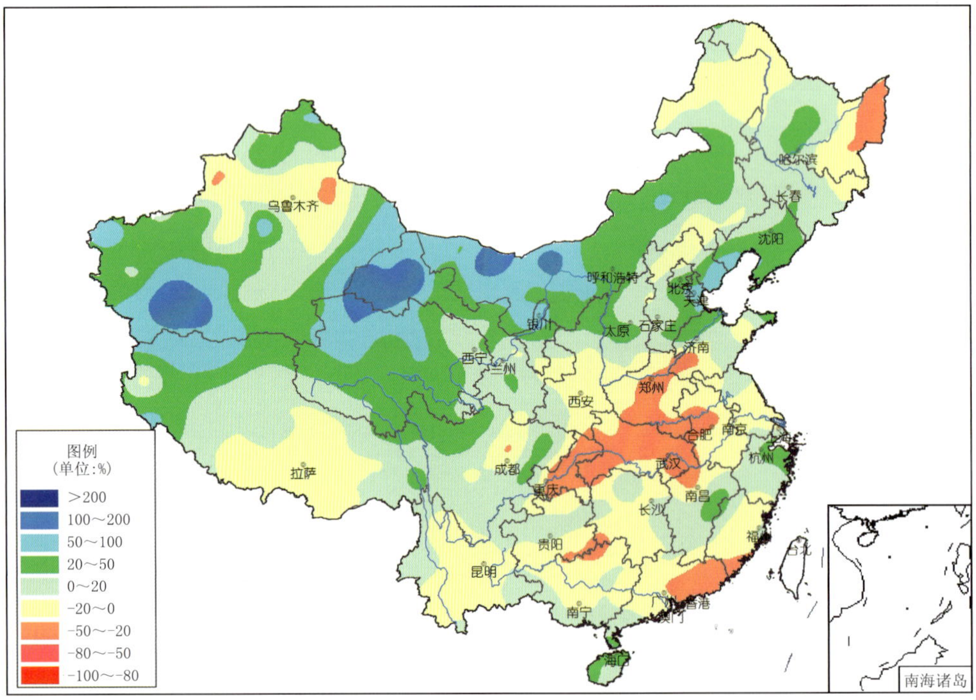

图 2.12　2012 年夏季全国降水距平百分率分布图

2.3 极端事件

2.3.1 极端高温

2012 年夏季,全国共有 91 站发生极端高温事件,其中 3 站日最高温度突破历史纪录。河南宜阳(42.8℃)等 8 站出现日最高温度超过 42℃的酷热天气(图 2.13)。季内,全国共有 101 站次出现极端高温事件,较常年同期(252 站次)明显偏少(图 2.14)。

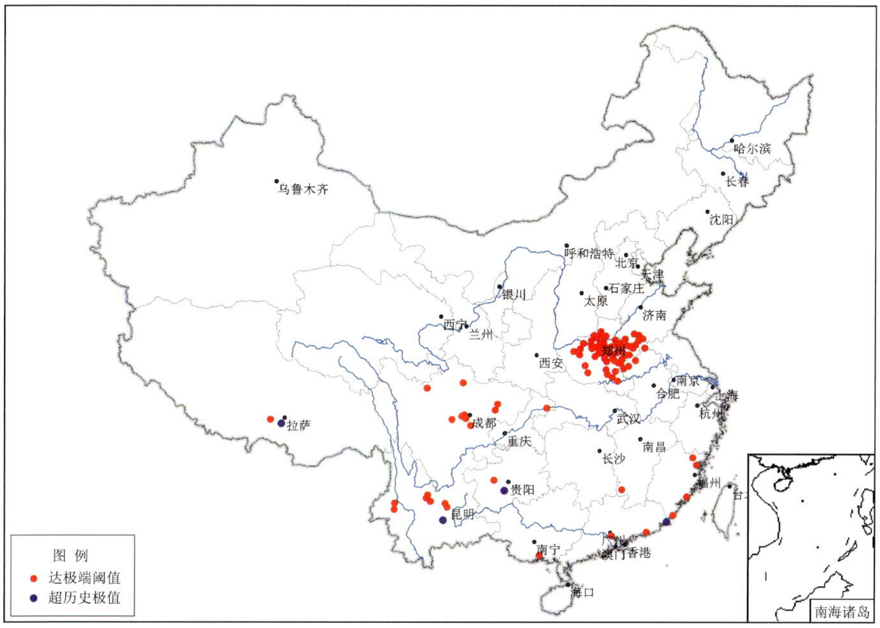

图 2.13 2012 年夏季全国极端高温事件站点分布图

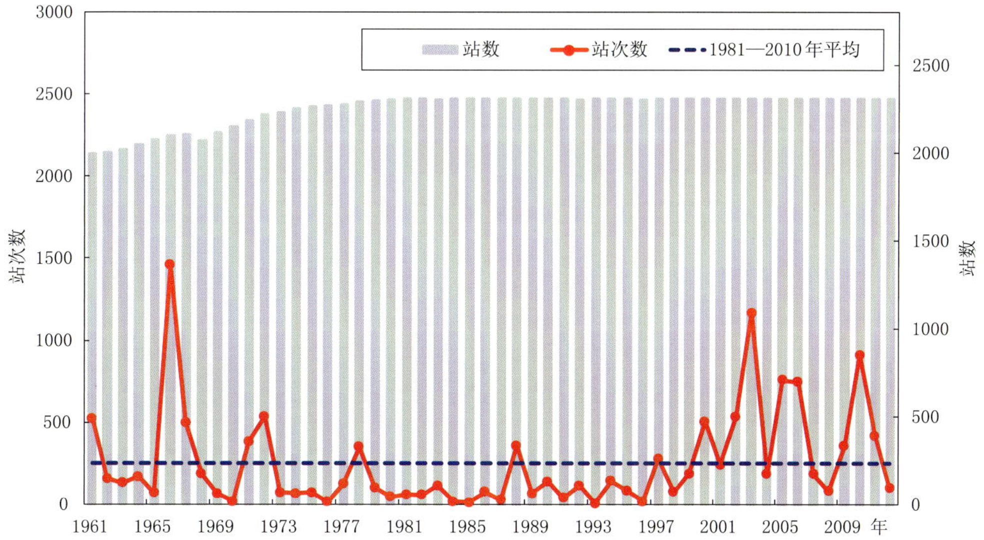

图 2.14 1961—2012 年夏季全国极端高温事件站次数的历年变化图

2.3.2 极端降水

2012 年夏季，全国共有 270 站发生极端日降水量事件(图 2.15)，集中分布于华北、东北、西北地区东部和长江中下游地区等地，其中 64 站日降水量超历史极值：江西景德镇(321.0 mm)和南丰(315.0 mm)、北京霞云岭(290.9 mm)等 20 站出现特大暴雨(日降水量≥250 mm)。在西北地区，有气象记录以来此前日降水量从未出现过超 50 mm 暴雨的一些台站如甘肃玉门镇、新疆库尔勒和青海贵南等站，分别出现了创纪录的 86.0 mm、74.0 mm 和 50.2 mm。季内，全国共有 288 站次出现极端日降水量事件，较常年同期(195 站次)偏多 93 站次(图 2.16)。

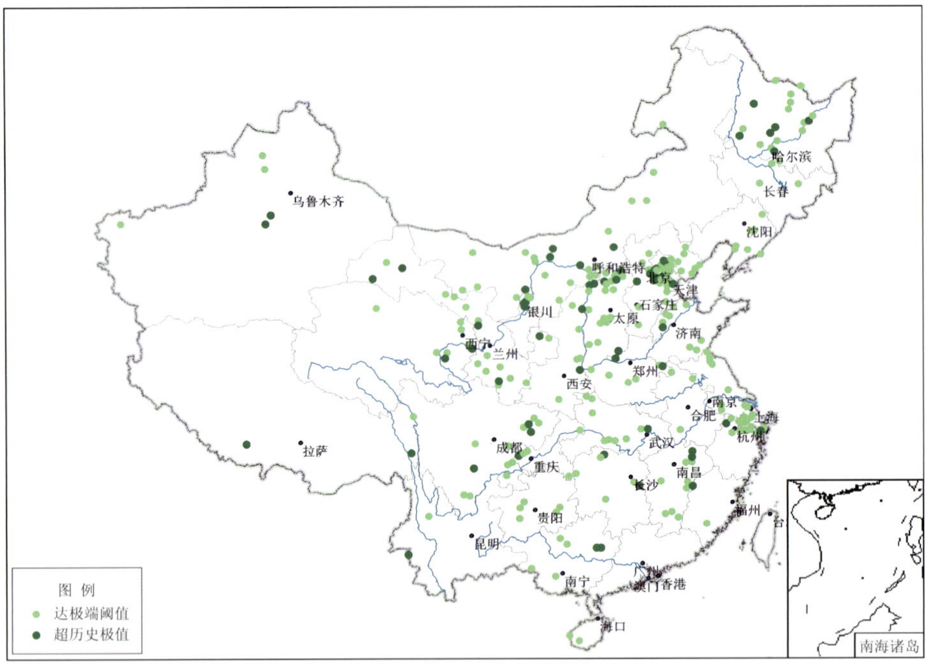

图 2.15　2012 年夏季全国极端日降水量事件站点分布图

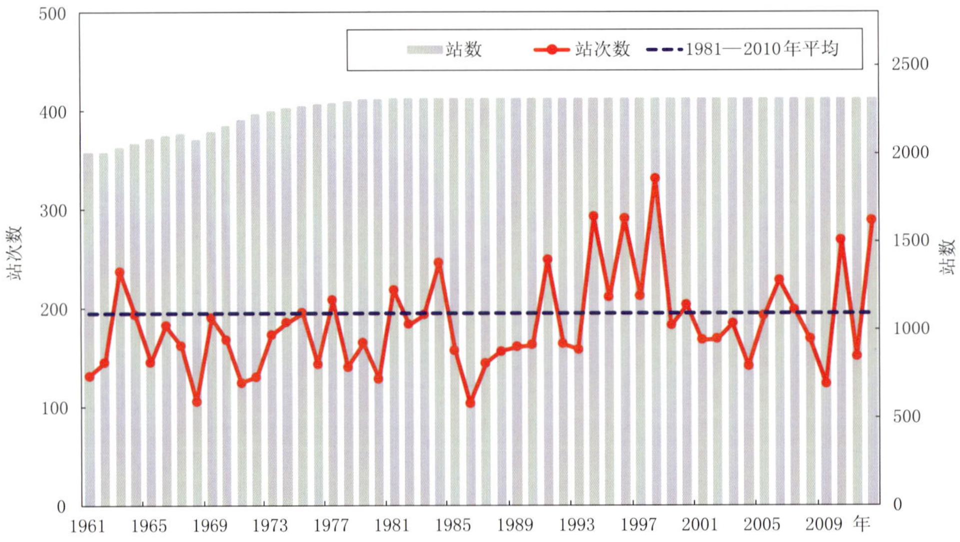

图 2.16　1961—2012 年夏季全国极端日降水量事件站次数的历年变化图

2.4 东亚夏季风环流系统

2.4.1 高低空环流系统

(1)海平面气压场

2012 年夏季(图 2.17),欧亚大陆中纬度为弱的 SLP 负距平,西北太平洋为弱的 SLP 正距平,海陆气压差略偏大。其中,季内各月变化见图 2.18~图 2.20。

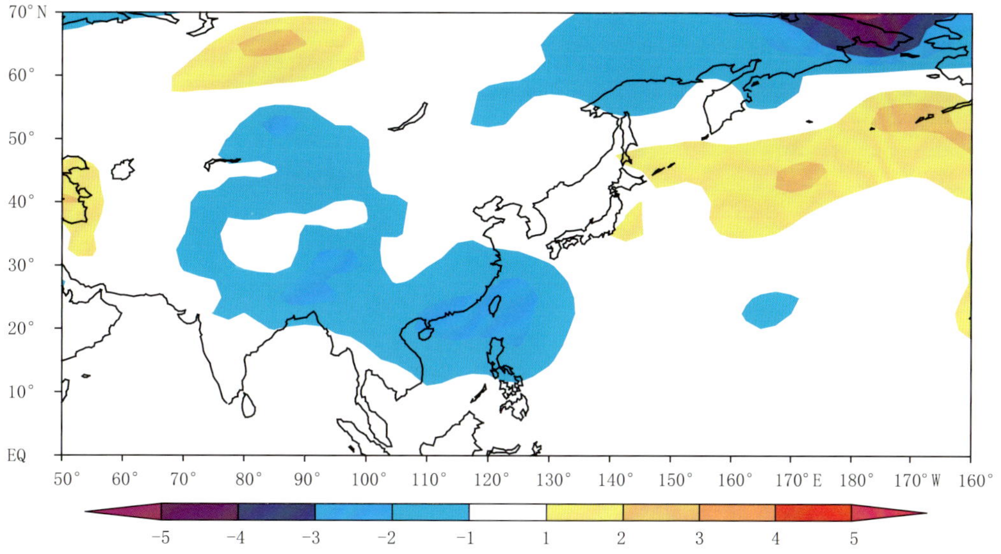

图 2.17　2012 年夏季海平面气压距平场分布图(单位:hPa)

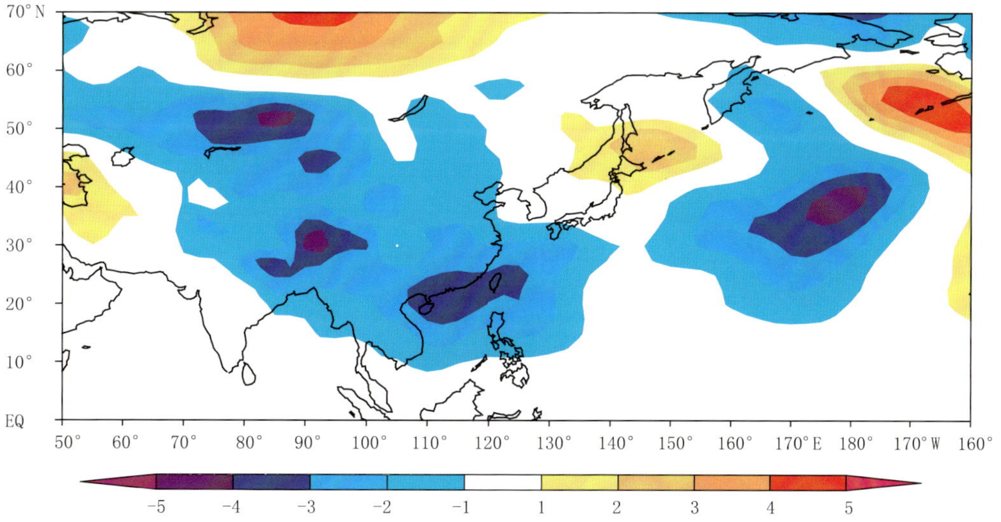

图 2.18　2012 年 6 月海平面气压距平场分布图(单位:hPa)

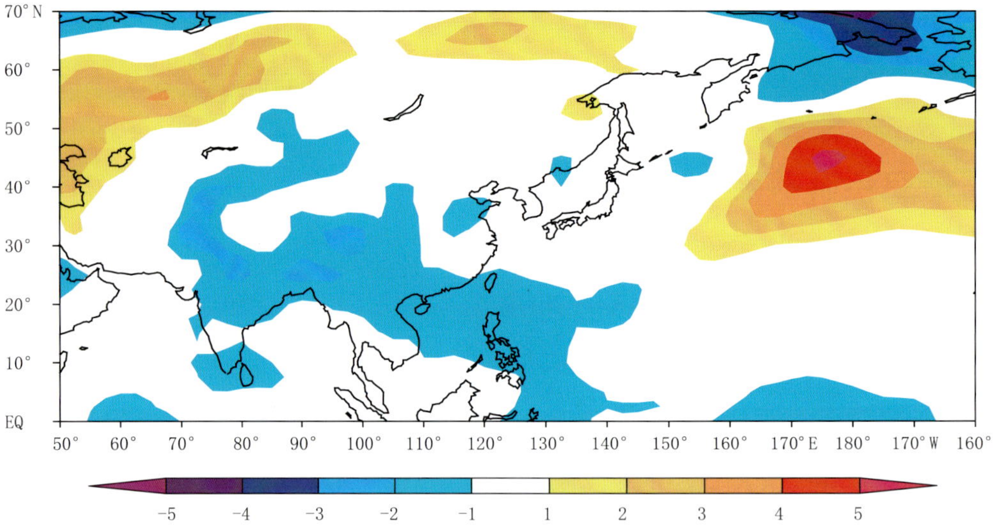

图 2.19　2012 年 7 月海平面气压距平场分布图(单位:hPa)

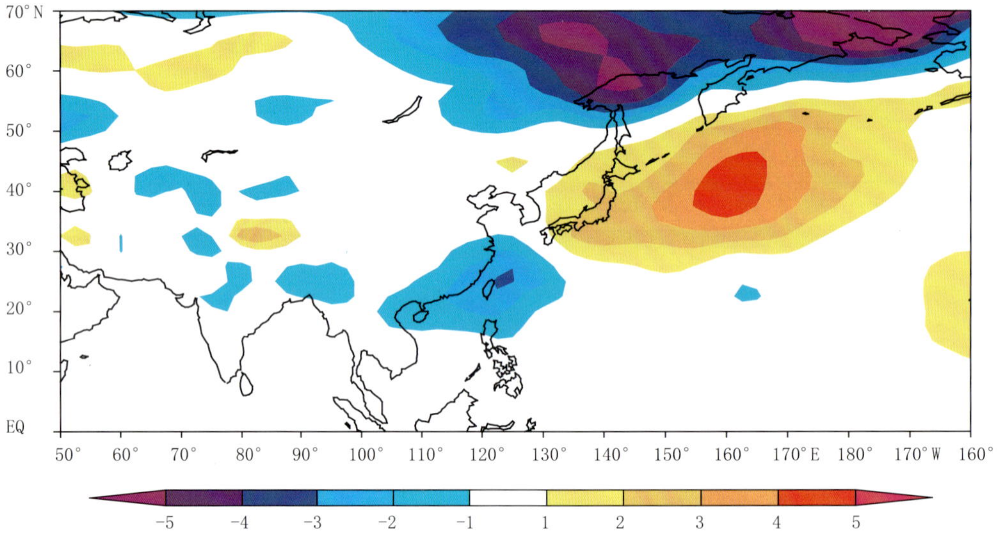

图 2.20　2012 年 8 月海平面气压距平场分布图(单位:hPa)

(2)850 hPa 风场

2012 年夏季(图 2.21),气旋性环流异常主要位于我国华南南部至菲律宾北部上空,索马里附近的越赤道气流偏强,印度半岛为西风距平控制。其中,季内各月变化见图 2.22～图 2.24。

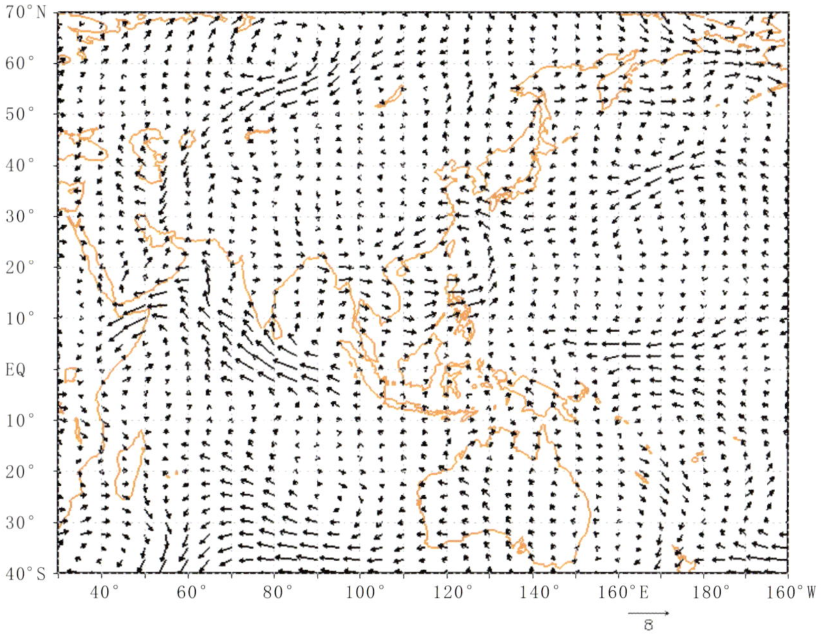

图 2.21 2012 年夏季 850 hPa 风场距平分布图(单位:m/s)

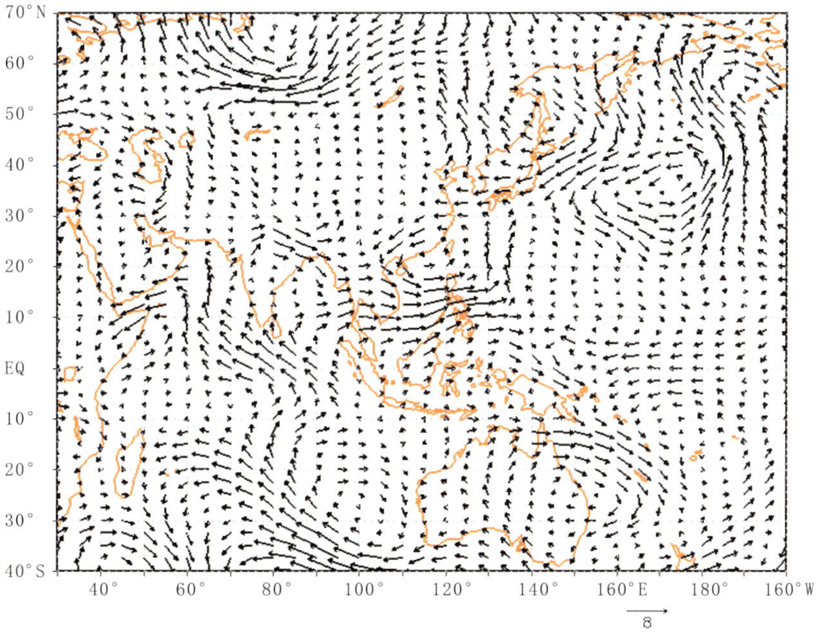

图 2.22 2012 年 6 月 850 hPa 风场距平分布图(单位:m/s)

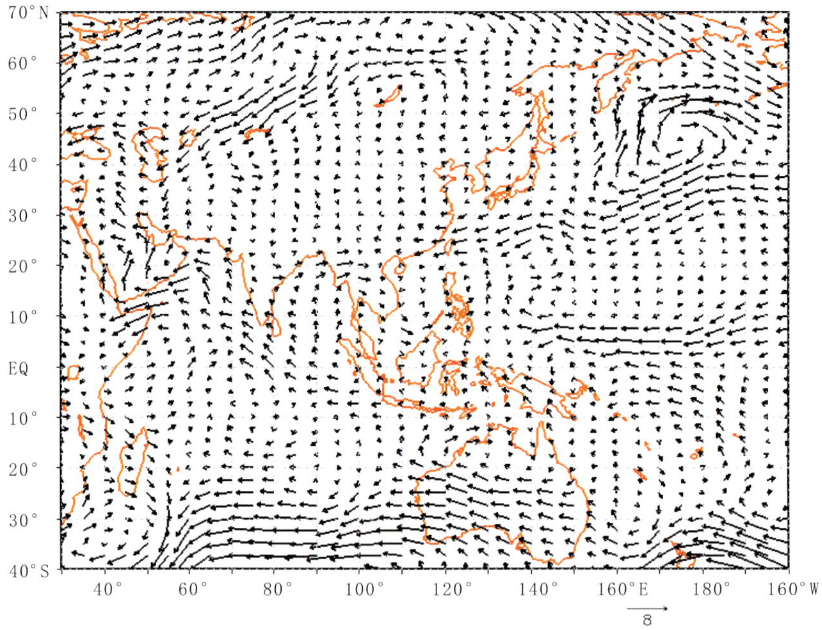

图 2.23　2012 年 7 月 850 hPa 风场距平分布图(单位:m/s)

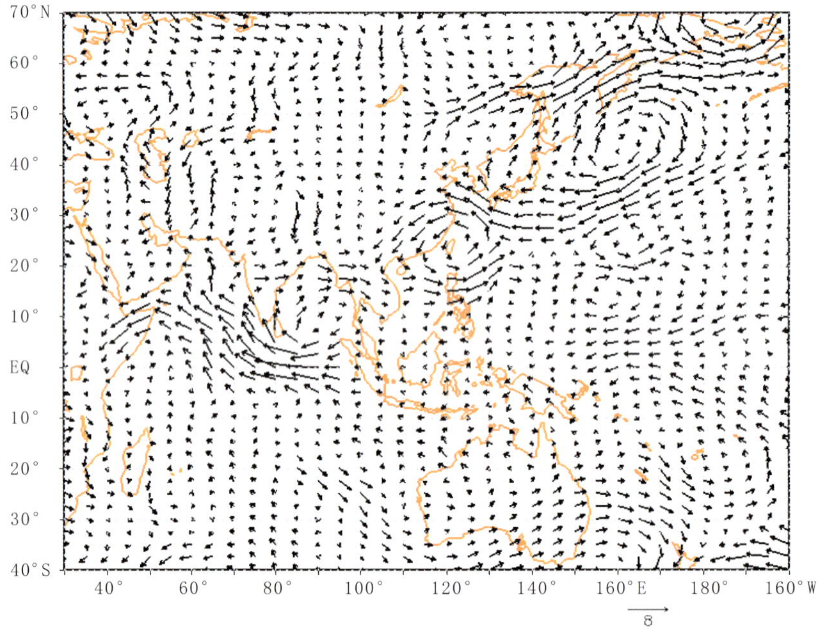

图 2.24　2012 年 8 月 850 hPa 风场距平分布图(单位:m/s)

(3)水汽输送场

2012 年夏季(图 2.25),来自西北太平洋的水汽输送明显偏强,而来自印度洋的水汽输送略偏强,我国西南的大部分地区为明显水汽输送异常辐散区,水汽输送异常辐合偏强的区域位于华南及东部沿海地区。其中,季内各月变化见图 2.26～图 2.28。

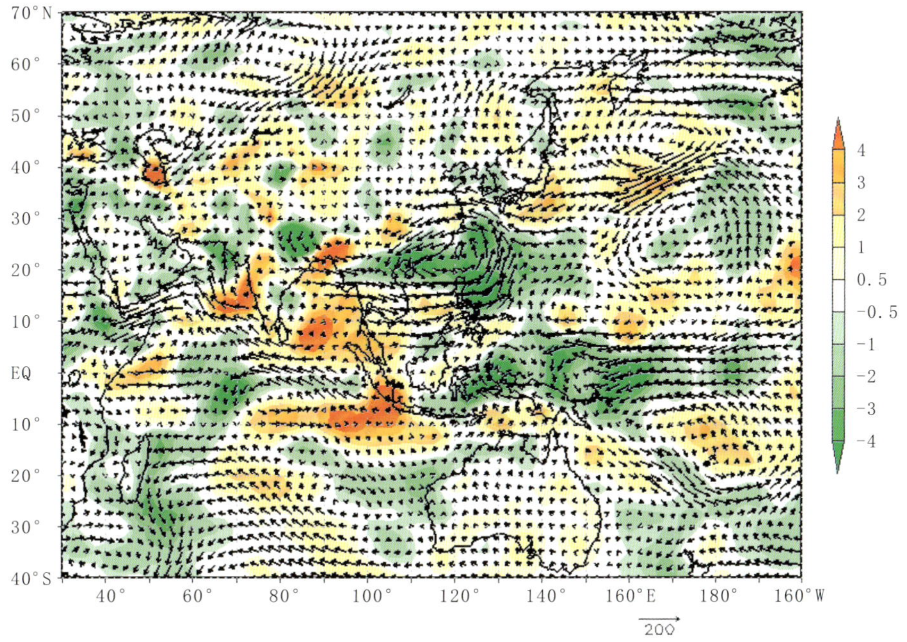

图 2.25 2012 年夏季整层积分水汽输送(矢量;单位:kg/(s·m))和辐合辐散距平(彩色阴影;单位:10^{-5} kg/(s·m^2))分布图

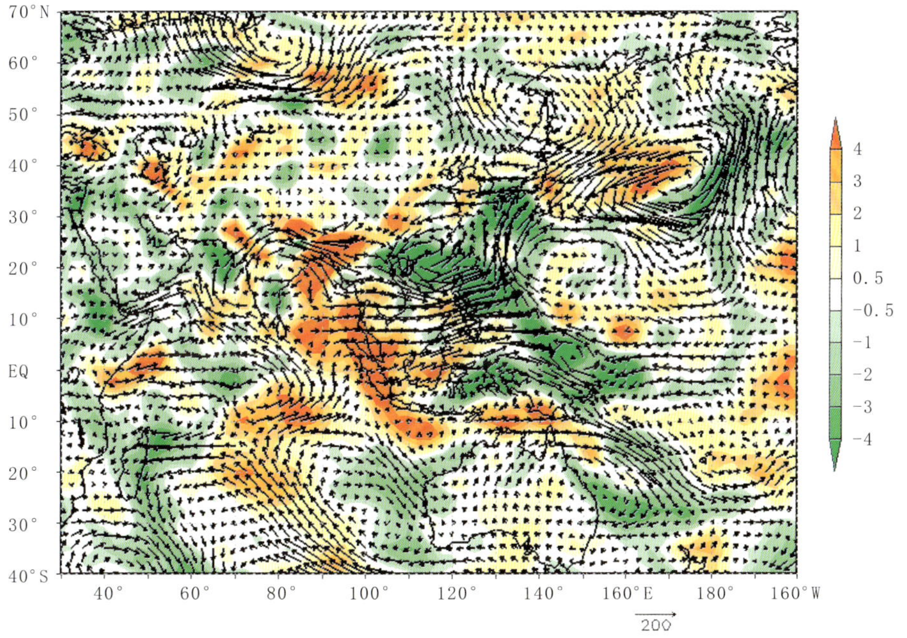

图 2.26 2012 年 6 月整层积分水汽输送(矢量;单位:kg/(s·m))和辐合辐散距平(彩色阴影;单位:10^{-5} kg/(s·m^2))分布图

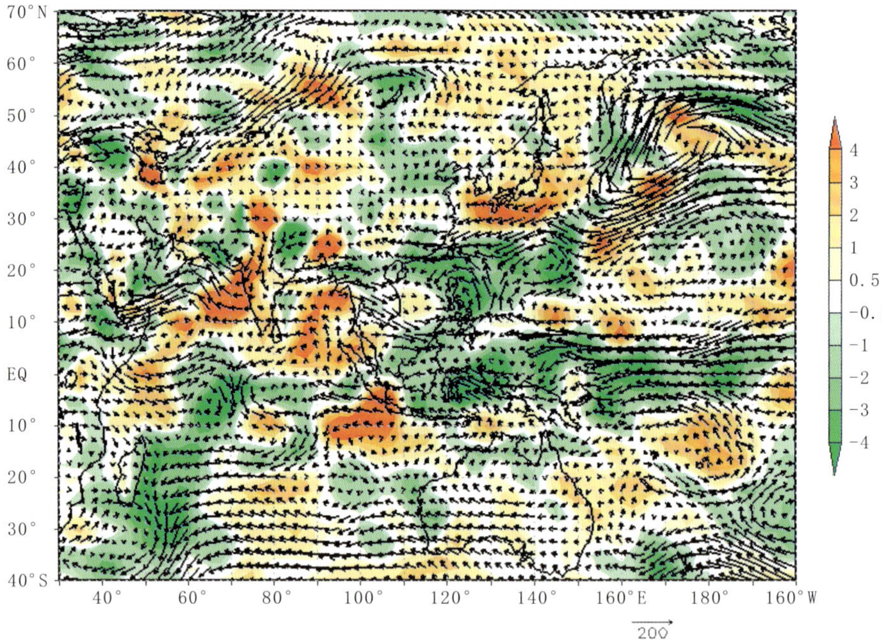

图 2.27　2012 年 7 月整层积分水汽输送(矢量;单位:kg/(s・m))和辐合辐散距平(彩色阴影;单位:10^{-5} kg/(s・m^2))分布图

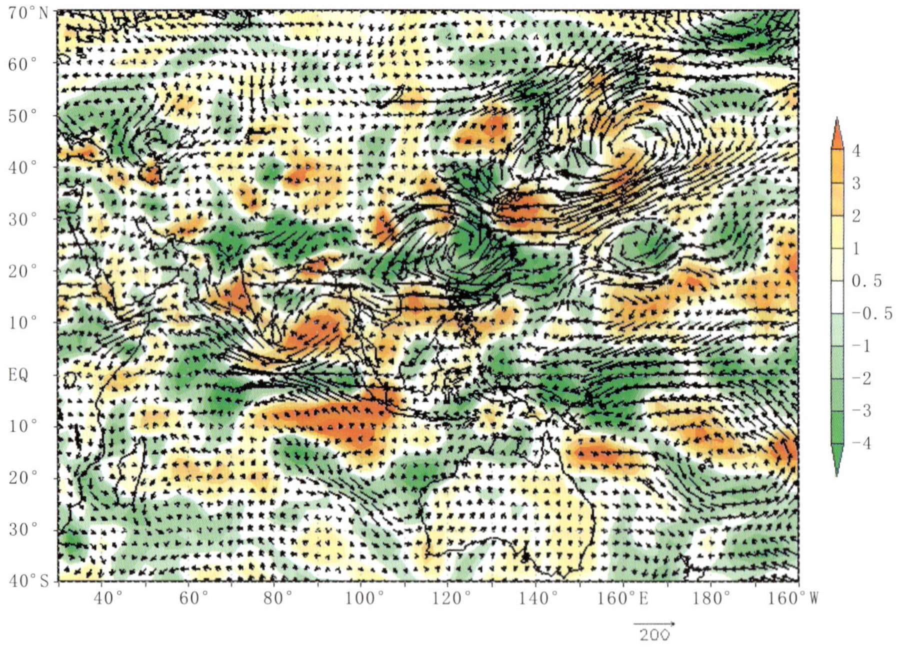

图 2.28　2012 年 8 月整层积分水汽输送(矢量;单位:kg/(s・m))和辐合辐散距平(彩色阴影;单位:10^{-5} kg/(s・m^2))分布图

(4)500 hPa 高度场

2012 年夏季(图 2.29),500 hPa 位势高度及距平场上,欧亚中高纬呈弱的两脊一槽型,乌拉尔山高压脊和鄂霍次克海高压脊略偏强,贝加尔湖附近为弱的低压槽区。另外,由于欧亚低纬地区的位势高度偏弱，使得印缅槽偏强，而西太副高偏弱，西伸脊点明显偏东。其中，季内各月变化见图 2.30～图 2.32。

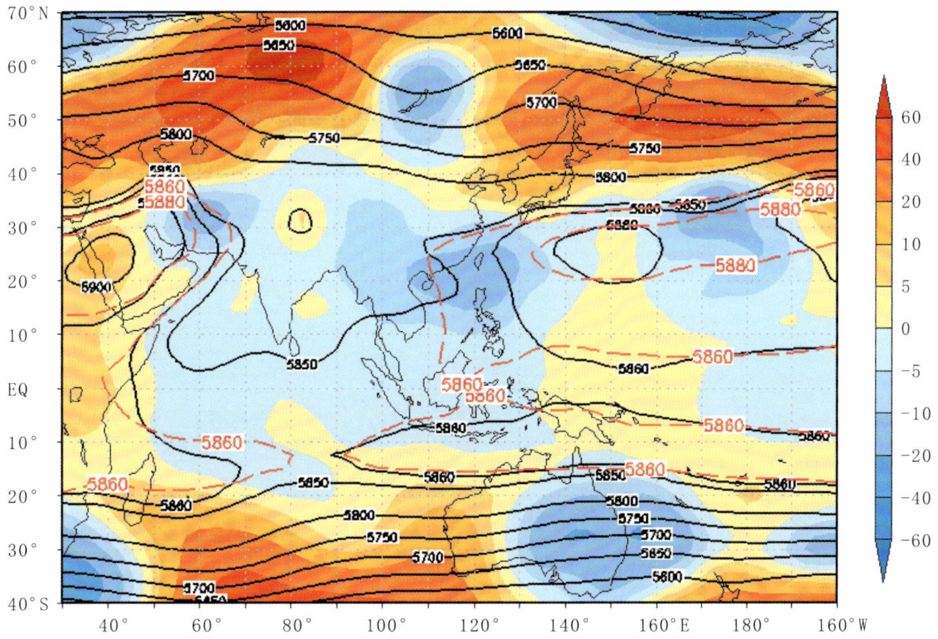

图 2.29　2012 年夏季 500 hPa 位势高度平均值(等值线)及距平(彩色阴影)分布图(单位:gpm)(红色等值线表示气候平均的 5860 gpm 和 5880 gpm 等值线，近似代表西太副高气候平均的位置)

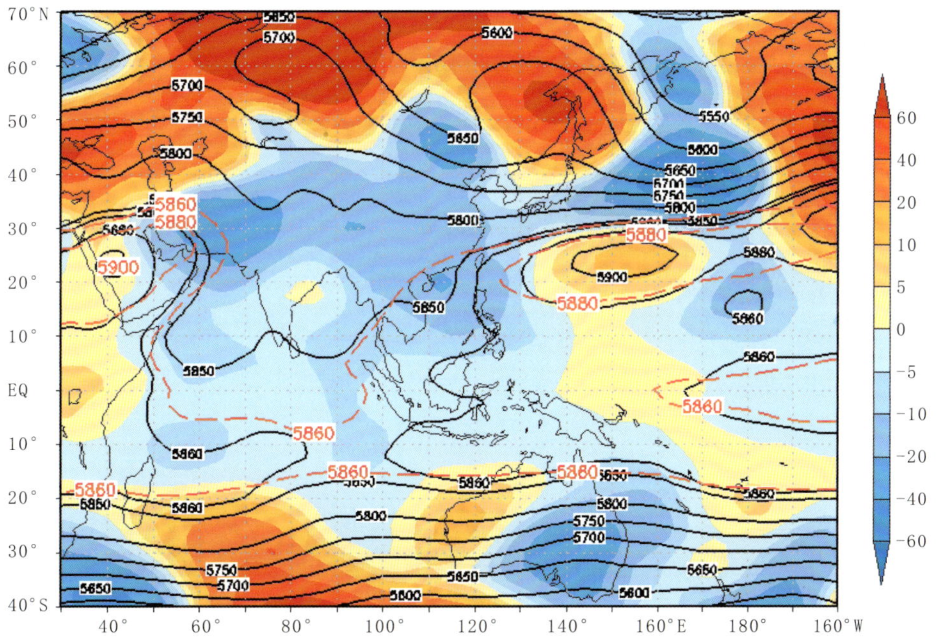

图 2.30　2012 年 6 月 500 hPa 位势高度平均值(等值线)及距平(彩色阴影)分布图(单位:gpm)(红色等值线表示气候平均的 5860 gpm 和 5880 gpm 等值线，近似代表西太副高气候平均的位置)

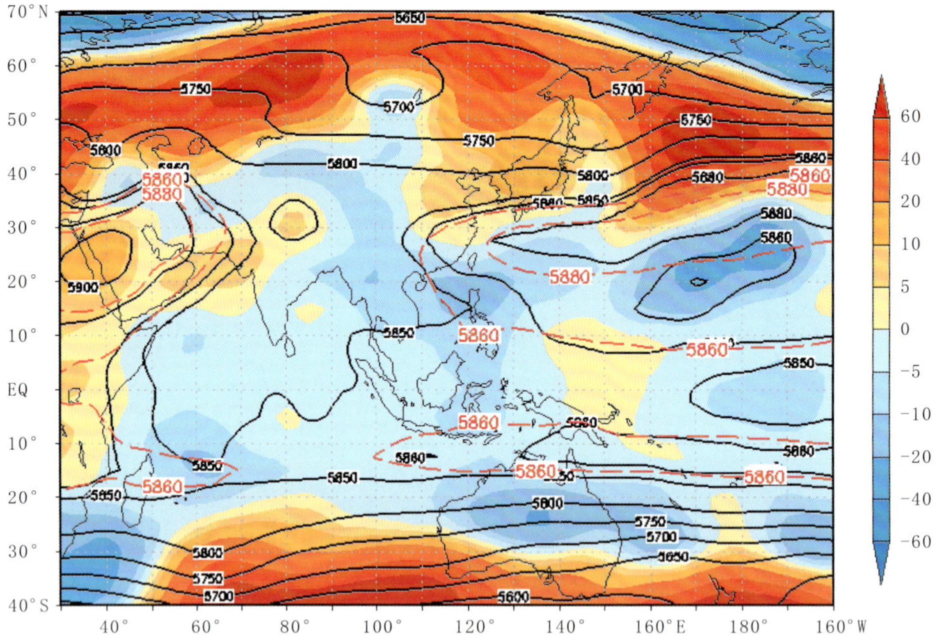

图 2.31　2012 年 7 月 500 hPa 位势高度平均值(等值线)及距平(彩色阴影)分布图(单位:gpm)(红色等值线表示气候平均的 5860 gpm 和 5880 gpm 等值线,近似代表西太副高气候平均的位置)

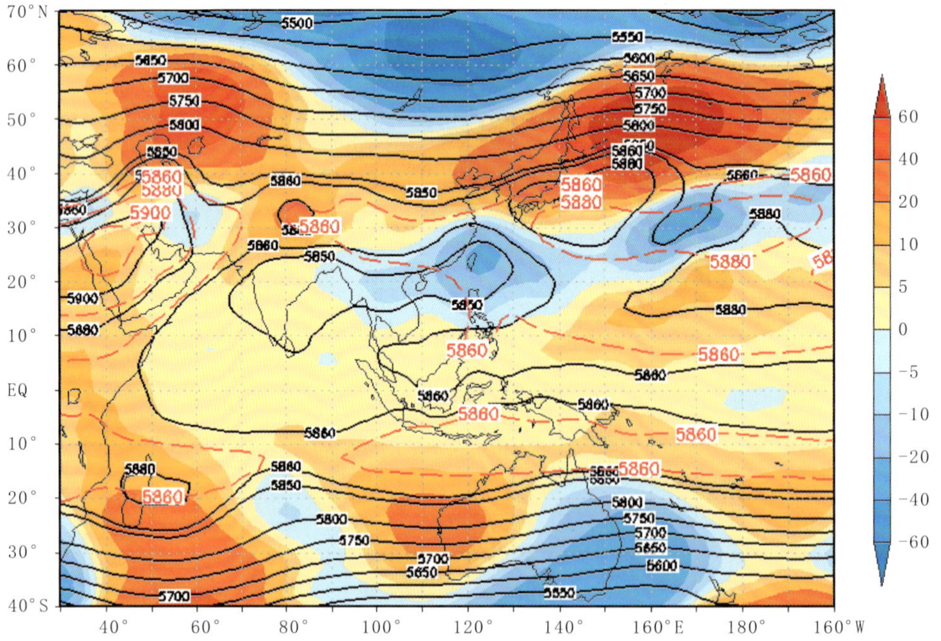

图 2.32　2012 年 8 月 500 hPa 位势高度平均值(等值线)及距平(彩色阴影)分布图(单位:gpm)(红色等值线表示气候平均的 5860 gpm 和 5880 gpm 等值线,近似代表西太副高气候平均的位置)

2.4.2 东亚夏季系统成员

(1)澳大利亚高压

2012 年夏季，澳大利亚高压指数为 1021.1，较常年(1020.6)偏大 0.5(图 2.33)。

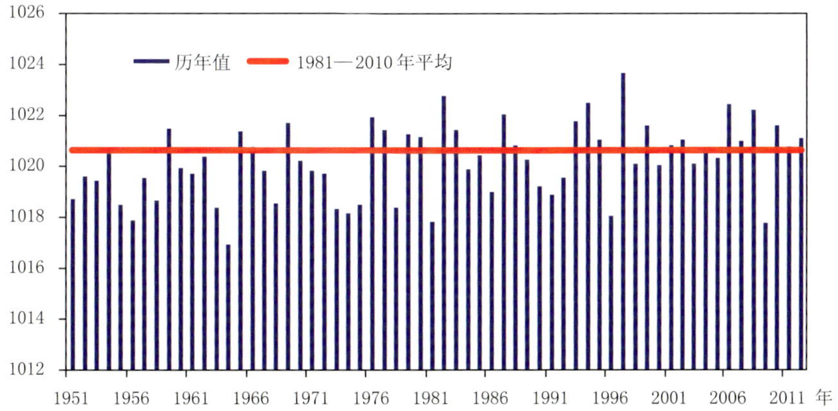

图 2.33 1951—2012 年夏季澳大利亚高压强度历年变化图

(2)马斯克林高压

2012 年夏季，马斯克林高压指数为 1023.1，较常年(1023.6)偏小 0.5(图 2.34)。

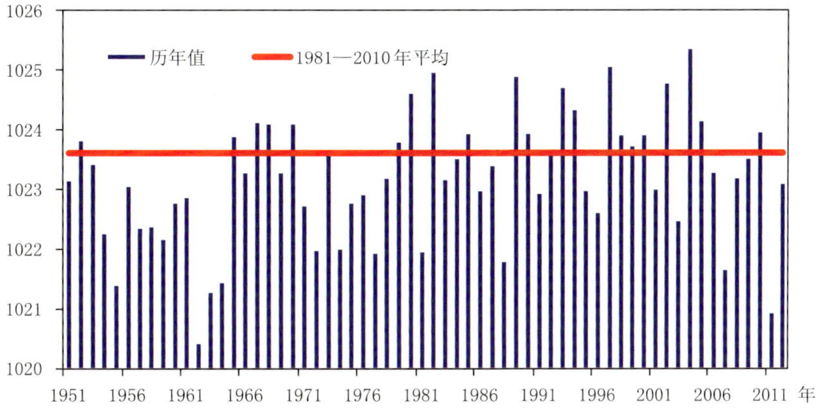

图 2.34 1951—2012 年夏季马斯克林高压强度历年变化图

(3)西北太平洋副热带高压

2012 年夏季，西北太平洋副热带高压(简称西太副高)面积指数为 32，较常年(81.6)偏小 49.6(图 2.35)，强度指数为 32，较常年(109)偏小 77(图 2.36)。脊线位于 26.1°N，较常年(25.5°N)偏北 0.6 个纬度(图 2.37)，西伸脊点位于 138.8°E，较常年(132.4°E)偏东 6.4 个经度(图 2.38)。总之，西北太平洋副热带高压强度偏弱、面积偏小、脊线位置偏北、西伸脊点明显偏东。

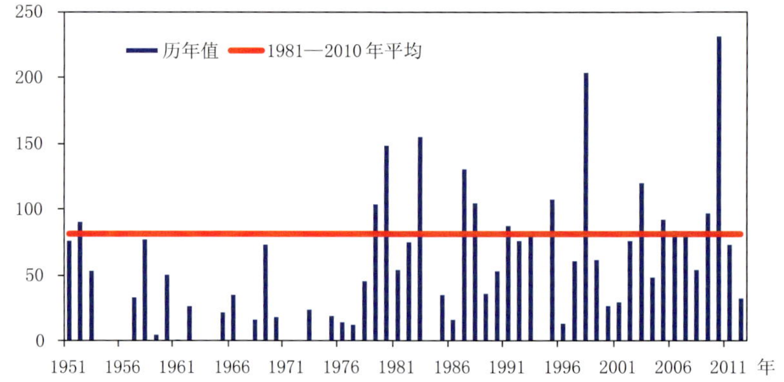

图 2.35　1951—2012 年夏季西北太平洋副热带高压面积指数历年变化图

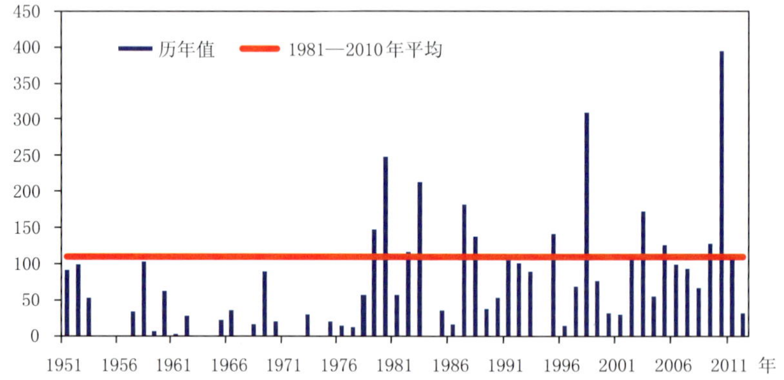

图 2.36　1951—2012 年夏季西北太平洋副热带高压强度指数历年变化图

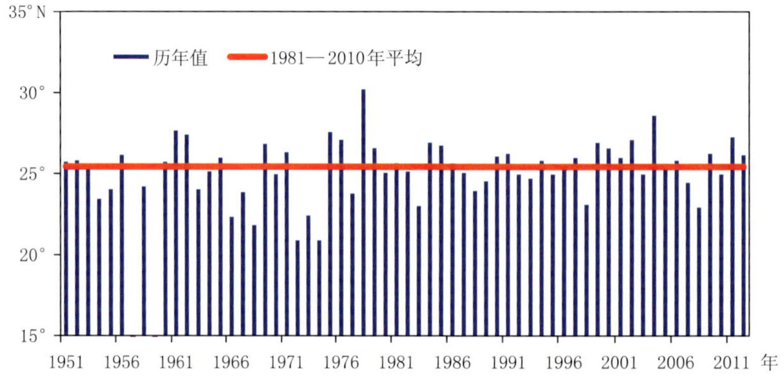

图 2.37　1951—2012 年夏季西北太平洋副热带高压脊线位置指数历年变化图

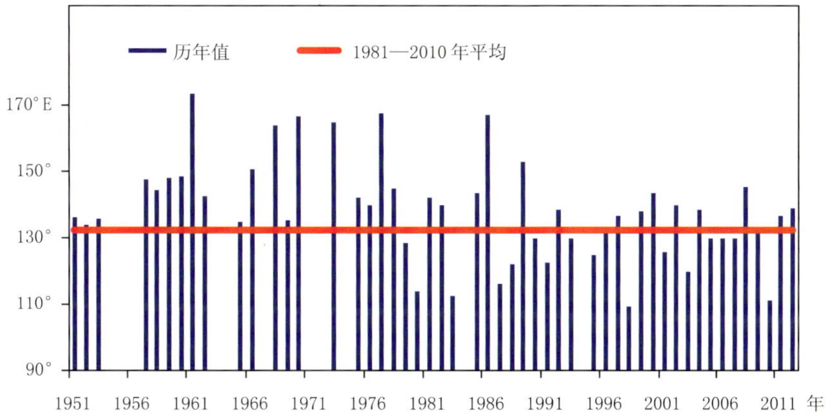

图 2.38 1951—2012 年夏季西北太平洋副热带高压西伸脊点指数历年变化图

(4)热带辐合带(ITCZ)

热带辐合带是东亚夏季风系统的重要成员，南半球冷空气暴发导致气流越过赤道侵入北半球，汇入西南季风，与北半球副热带高压南侧的偏东气流相遇，形成广阔的热带辐合带。气候意义下，盛夏该辐合带从南海的中北部向东延伸、穿过菲律宾，可到达 140°～150°E 附近(图 2.39)。

2012 年夏季，热带辐合带向东伸展到 140°E 附近地区，热带辐合带内对流活动较常年偏强(图 2.40)。从西北太平洋地区热带辐合带强度指数来看，2012 年为 214.5，较常年(223.1)偏强(图 2.41)。

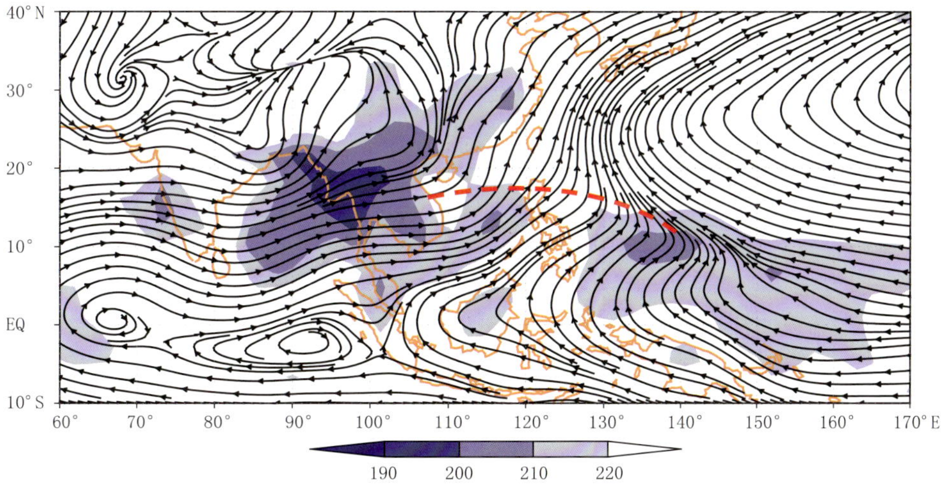

图 2.39 1981—2010 年夏季气候平均 850 hPa 平均风场(流线，单位：m/s)及 OLR(彩色阴影，单位：W/m²)分布图(粗虚线表示辐合带所在位置)

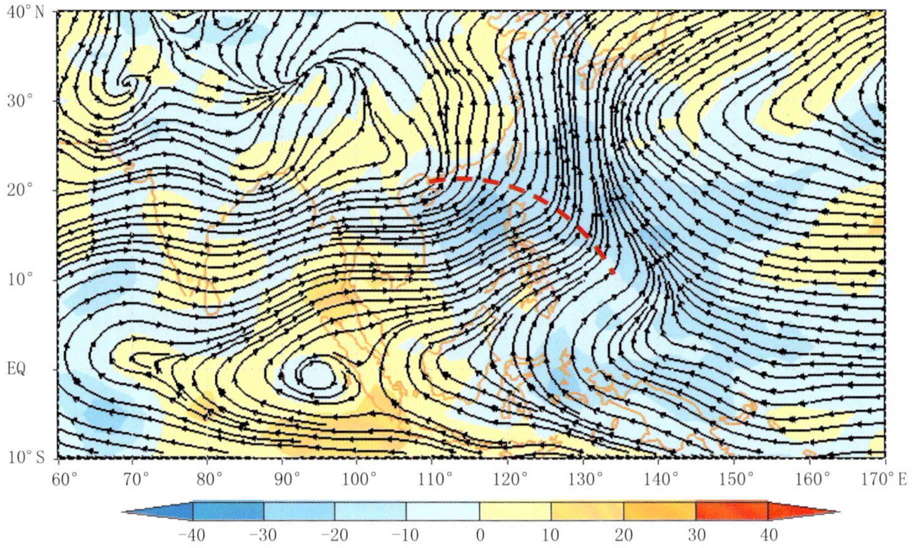

图 2.40 2012 年夏季 850 hPa 平均风场(流线,单位:m/s)及 OLR 距平场(彩色阴影,单位:W/m²)分布图
(粗虚线表示辐合带所在位置)

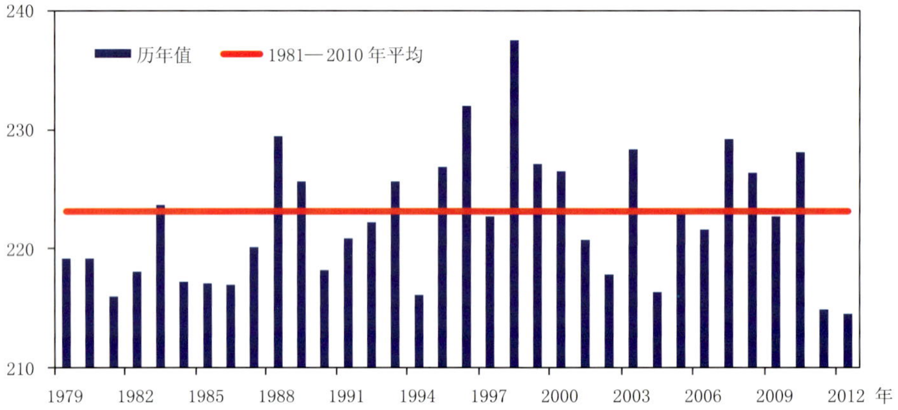

图 2.41 1979—2012 年夏季西北太平洋 ITCZ 强度指数历年变化图
(指数小于气候值表示强度偏强)

(5)越赤道气流

1) 索马里越赤道气流

2012 年夏季,索马里越赤道气流强度指数为 9.18,较常年(9.32)略偏弱(图 2.42)。

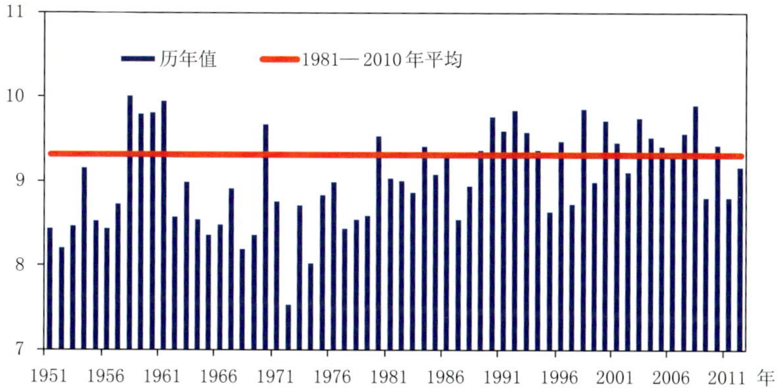

图 2.42 1951—2012 年夏季索马里越赤道气流强度历年变化图

2）孟加拉湾越赤道气流

2012 年夏季，孟加拉湾越赤道气流强度指数为 2.7，较常年(1.1)偏强 1.6(图 2.43)。

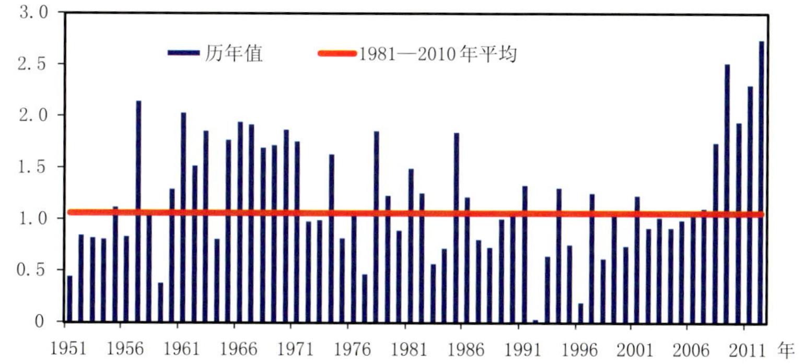

图 2.43 1951—2012 年夏季孟加拉湾越赤道气流强度历年变化图

3）南海越赤道气流

2012 年夏季，南海越赤道气流强度指数为 1.7，较常年(1.6)略偏强(图 2.44)。

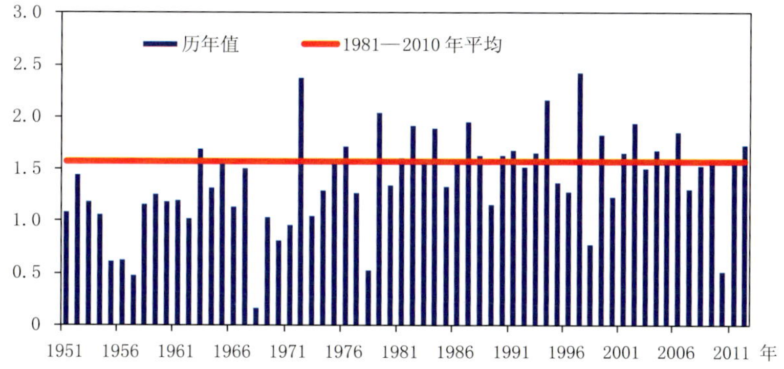

图 2.44 1951—2012 年夏季南海越赤道气流强度历年变化图

4）菲律宾越赤道气流

2012 年夏季，菲律宾越赤道气流强度指数为 2.8，较常年(2.4)偏强 0.4(图 2.45)。

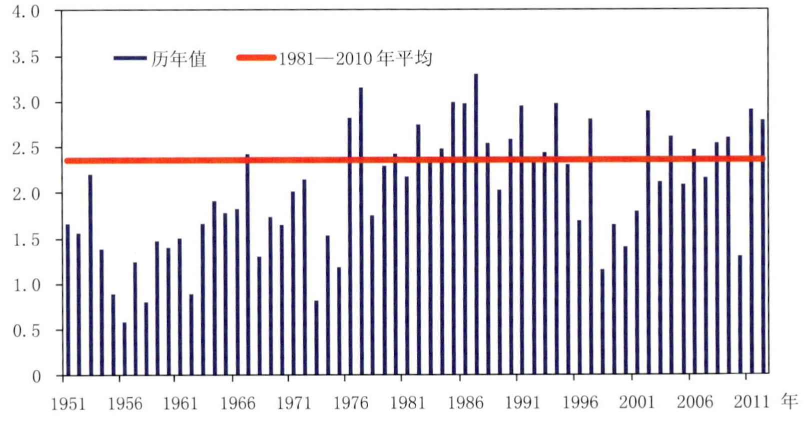

图 2.45　1951—2012 年夏季菲律宾越赤道气流强度历年变化图

(6)南亚高压

2012 年夏季，南亚高压强度指数为 83.6，接近常年(83.8)，中心位置较常年略偏北(图 2.46 和图 2.47)。

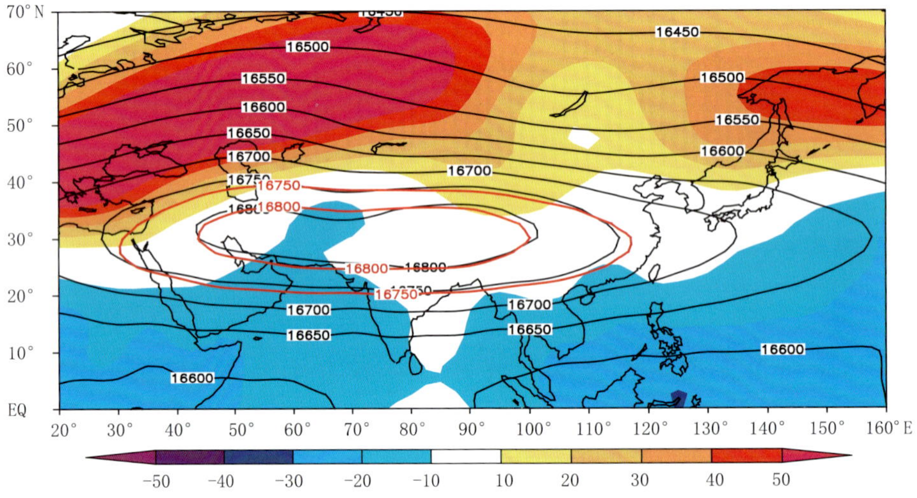

图 2.46　2012 年夏季 100 hPa 高度场(等值线)和距平场(彩色阴影)分布图(单位：gpm)(红色等值线表示气候平均 16800 gpm 和 16750 gpm 等值线，近似代表南亚高压气候平均的位置)

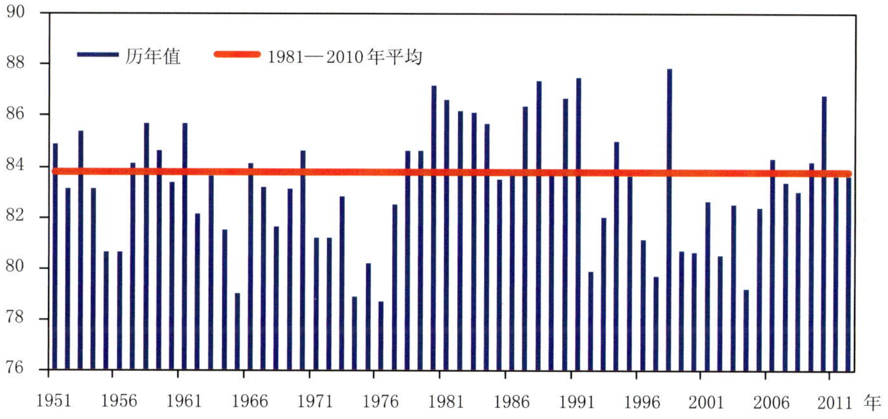

图 2.47　1951—2012 年夏季南亚高压强度指数历年变化图

(7)东亚副热带西风急流

2012 年夏季,在对流层高层 200 hPa 纬向风场上,东亚副热带西风急流强度接近常年同期,急流中心位置也与常年同期的位置基本一致(图 2.48)。东亚副热带西风急流强度指数为 35.2,较常年(57.8)偏小 22.6,东亚副热带西风急流核位于 40.1°N,较常年(40.5°N)偏南 0.4 个纬度(图 2.49 和图2.50)。

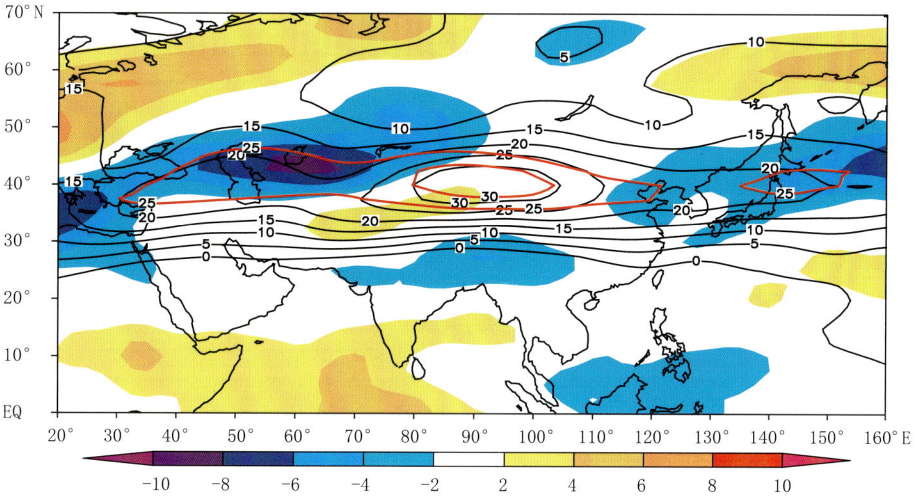

图 2.48　2012 年夏季 200 hPa 纬向风平均场(等值线)及距平场(彩色阴影)分布图(单位:m/s)(红色等值线表示气候平均的 25 m/s 和 30 m/s 等值线,近似代表东亚副热带急流中心气候平均的位置)

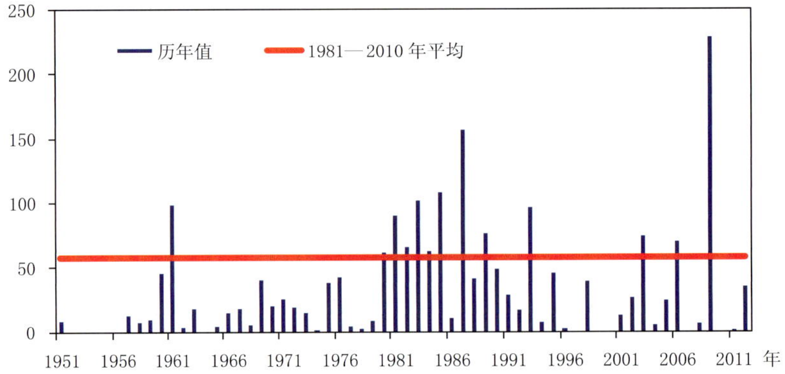

图 2.49　1951—2012 年夏季东亚副热带西风急流强度指数历年变化图

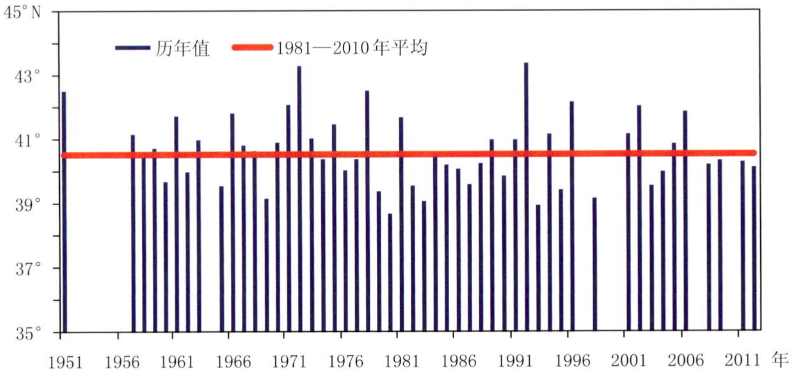

图 2.50　1951—2012 年夏季东亚副热带西风急流核经向位置历年变化图

2.5　东亚热带夏季风

2.5.1　热带季风推进过程

气候意义下，亚洲热带夏季风最早于 4 月底(24 候)在赤道东印度洋和苏门答腊地区建立，然后分别向东北和西北推进。5 月第 2 候(26 候)，热带夏季风在孟加拉湾东部及中印半岛地区建立，从而标志着该地热带夏季风的暴发。至 5 月第 4～5 候(28～29 候)，热带夏季风向东北推进到南海中部，南海夏季风的暴发。6 月第 1～2 候(31～32 候)，来自印度西海岸和孟加拉湾的两支热带夏季风在印度半岛中部汇合，标志着印度季风的暴发。而在东亚大陆地区，热带夏季风已于 6 月第 1～2 候推进到长江流域及其以南地区，这标志着东亚季风的第一次北推以及长江流域梅雨雨季的来临(图 2.51 上)。

2012 年亚洲热带夏季风最早于 4 月底在安达曼海及中南半岛附近地区暴发，之后向北推进，东北支于 5 月第 4 候左右推进至我国南海地区，6 月第 2 候左右到达我国长江流域及以南地区（图 2.51 下）。

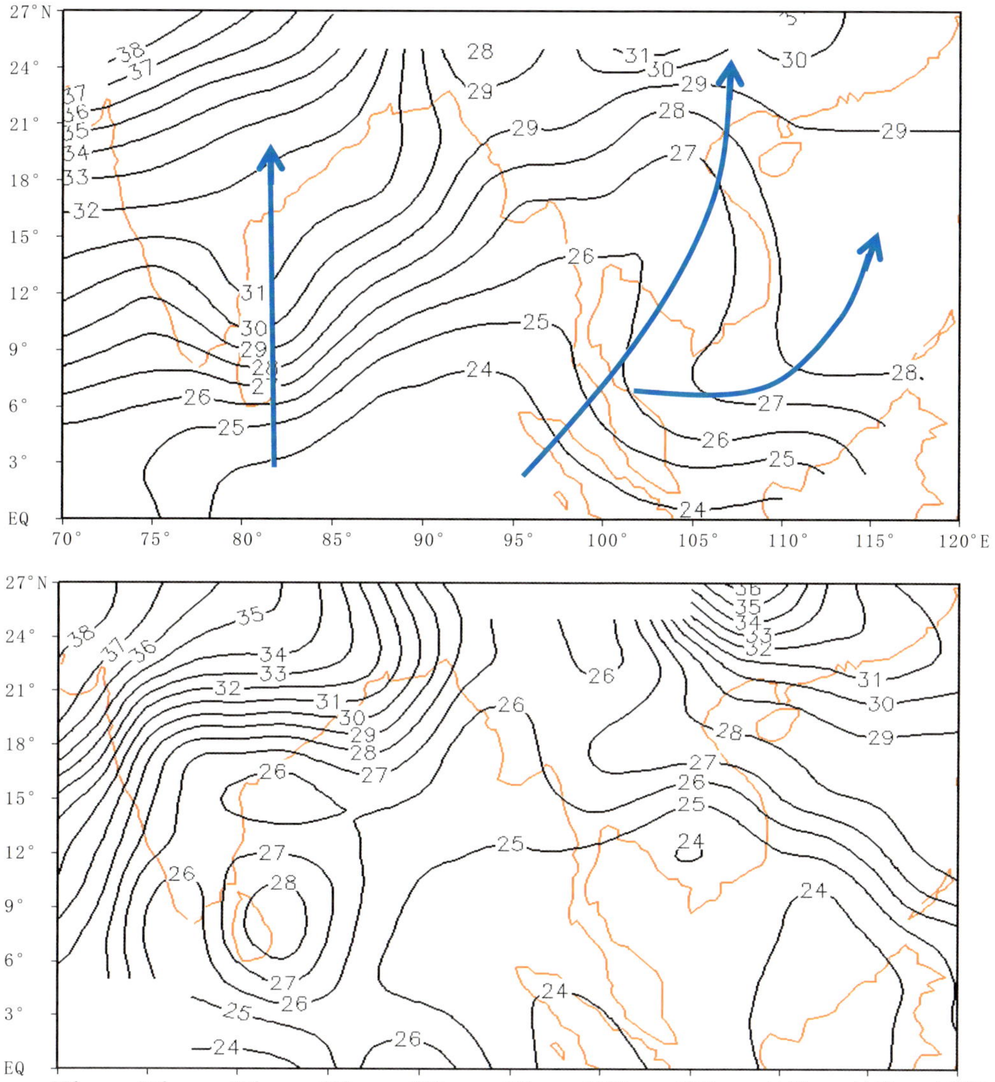

图 2.51　气候平均（上）及 2012 年（下）亚洲热带夏季风前沿推进示意图
（图中数字代表候值，蓝色箭头代表季风推进方向）

2.5.2　南海夏季风暴发

2012 年 5 月第 4 候，850 hPa 上，赤道印度洋上空的西风明显增强北抬，中南半岛及我国南海大部地区为来自热带的暖湿的西南气流控制（图略）。同时，南海季风监测区（10°～20°N，110°～120°E）主要监测指标从 5 月第 4 候开始连续 2 候超过季风暴发时的临界值，即监测区内平均纬向风由偏东风转为偏西风、假相当位温大于 340 K（图 2.52）。

因此，2012 年南海夏季风于 5 月第 4 候暴发，较常年（5 月第 5 候）偏早 1 候（图 2.53）。

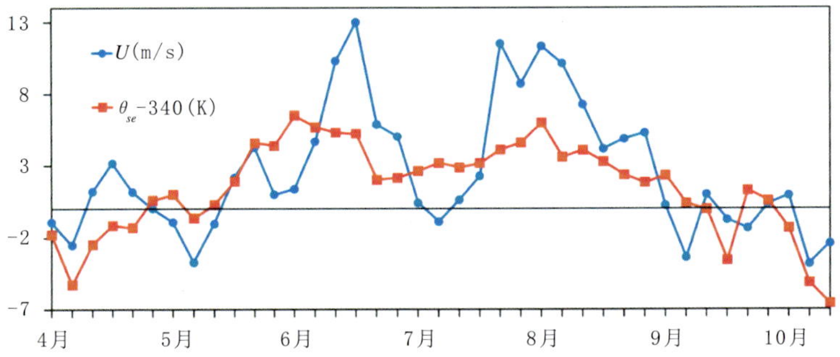

图 2.52　2012 年南海夏季风监测区 850 hPa 纬向风(单位:m/s)和假相当位温(单位:K)逐候变化图

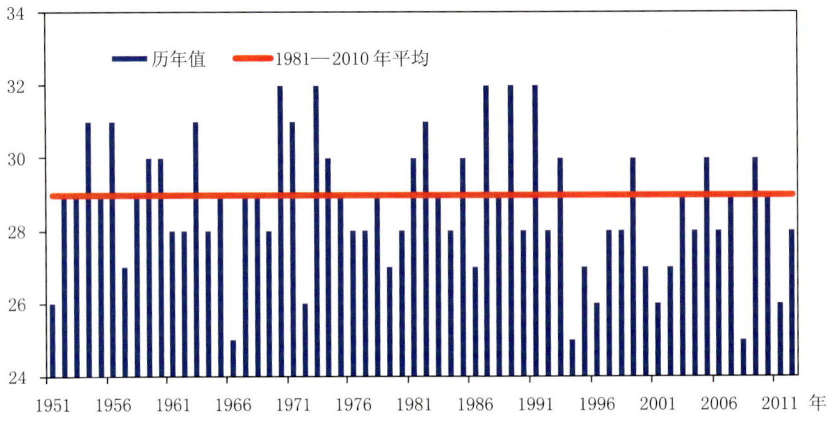

图 2.53　1951—2012 年南海夏季风暴发时间历年序列图(单位:候)

2.5.3　南海夏季风结束

2012 年 10 月第 2 候,850 hPa 上,索马里及 105°E 附近的越赤道气流及赤道印度洋的西风明显减弱,南海地区主要受较强的偏东风控制(图略)。同时,监测区内两个主要监测指标从这一候开始连续 2 候下降到临界值以下,即监测区内平均纬向风由偏西风转为偏东风、假相当位温小于 340 K(图 2.52)。

因此,2012 年南海夏季风于 10 月第 3 候结束,较常年(9 月第 6 候)偏晚 3 候,也是连续第 7 年结束偏晚(图 2.54)。

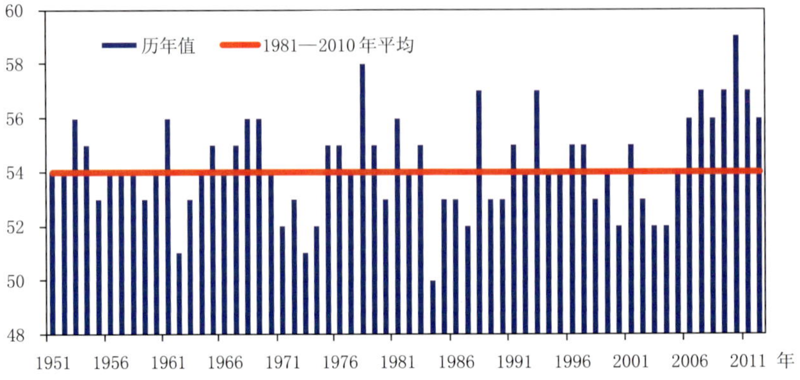

图 2.54　1951—2012 年南海夏季风结束时间历年序列图(单位:候)

2.5.4 南海夏季风强度

2012 年南海夏季风强度指数为－0.14，较常年偏弱(图 2.55)。

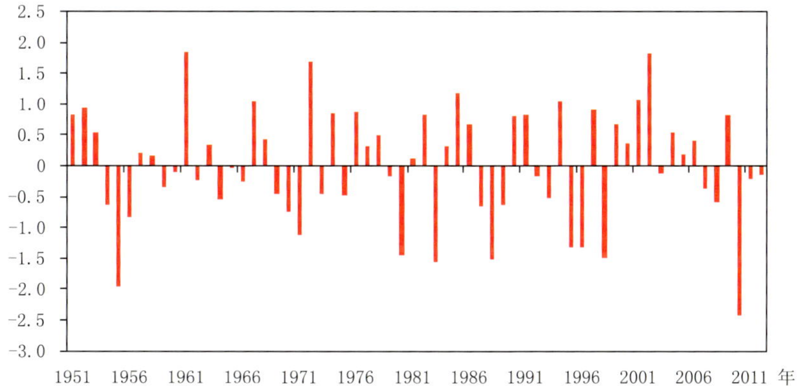

图 2.55 1951—2012 年南海夏季风强度指数历年变化图

2.6 东亚副热带夏季风

2.6.1 东亚副热带夏季风推进过程

2012 年 6 月第 3 候以前，东亚副热带夏季风主要维持在我国华南至江南一带。此后，随东亚夏季风的向北推进，夏季风进一步向北扩张，于 7 月第 2 候抵达华北。8 月第 5 候起，季风开始南撤。9 月第 3 候以后，季风南撤至长江以南地区(图 2.56)。

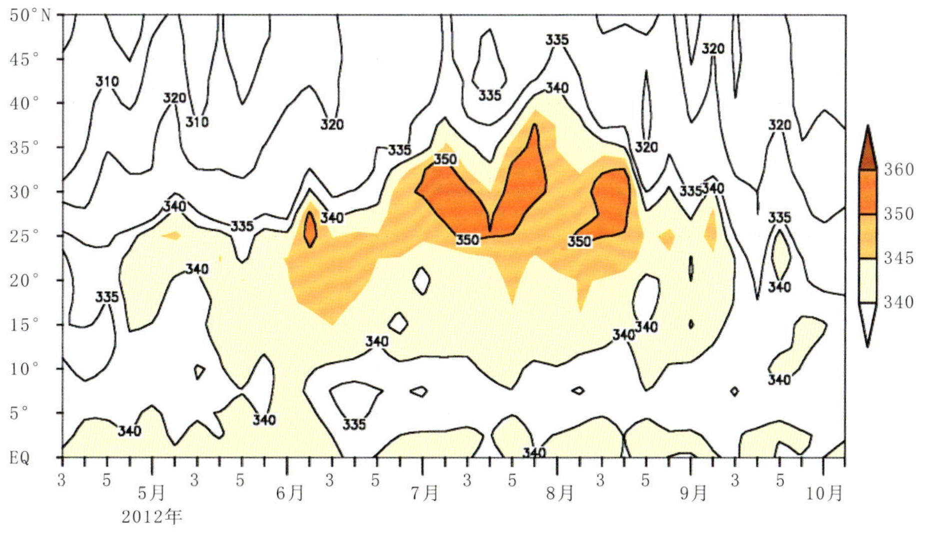

图 2.56 2012 年 110°～120°E 候平均假相当位温纬度一时间剖面图(单位:K)

2.6.2 东亚副热带夏季风强度

2012 年东亚副热带夏季风偏强，强度指数为 2.58(图 2.57)。

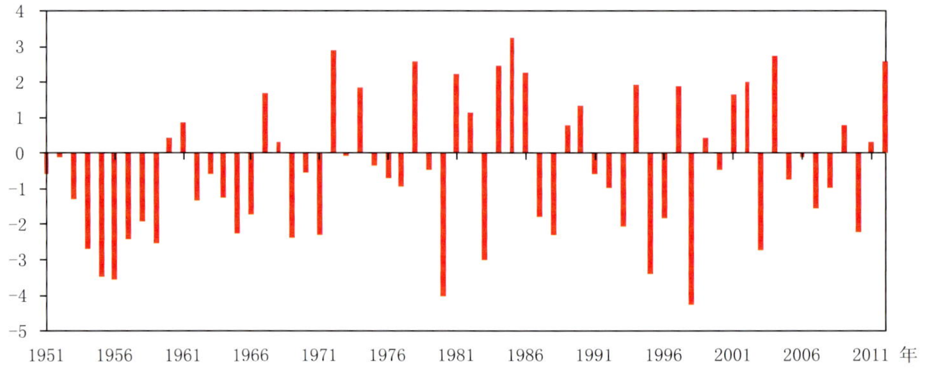

图 2.57　1951—2012 年东亚副热带夏季风强度指数历年变化图

2.7　低频振荡

2012 年夏季，30～60 天大气季节内振荡(ISO)较为活跃。5 月下旬，西太平洋的 ISO 向西传播，在 6 月初传播到南海，促使南海夏季风加强。7 月下旬开始，南海地区的 ISO 向西太平洋东传(图 2.58)。

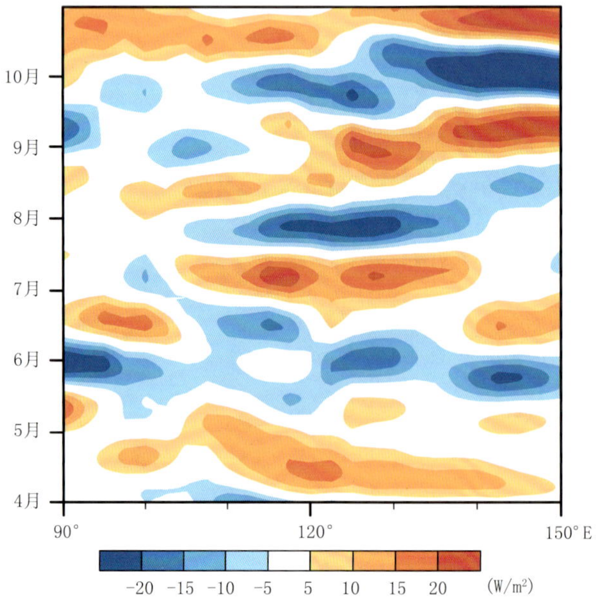

图 2.58　2012 年 10°～20°N 范围平均的 30～60 天滤波 OLR 经度—时间演变剖面图

2012 年夏季，ISO 的经向传播主要局限于 40°N 以南区域，并且在 8 月以后，ISO 没有显著的经向传播特征（图 2.59）。

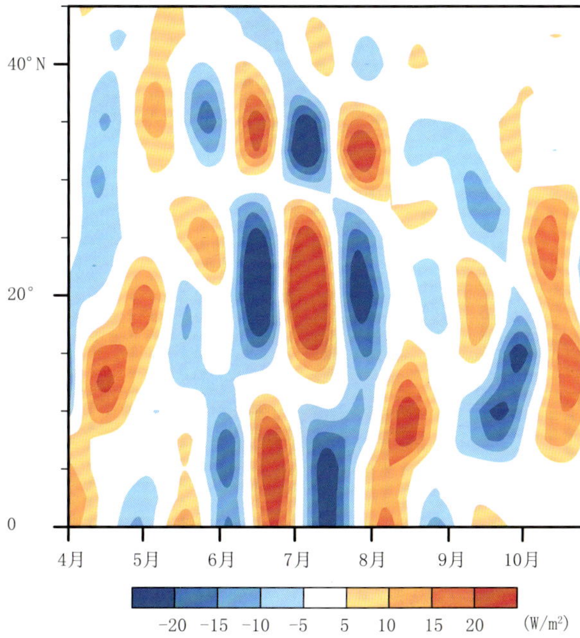

图 2.59　2012 年 110°～120°E 范围平均的 30～60 天滤波 OLR 纬度—时间演变剖面图

第 3 章 中国雨季

2012 年我国东部雨带进程明显受到季节内振荡的调制。华南前汛期 4 月 8 日开始，较常年偏晚，7 月 1 日结束，较常年偏早，前汛期总降水量为 752.8 mm，较常年偏多。西南雨季 5 月 29 日开始，较常年偏晚，10 月 11 日结束，较常年偏早，雨季总降水量为 812.0 mm，比常年偏少。中国梅雨各气候区中，江南梅雨 6 月 4 日入梅，7 月 1 日出梅，均较常年偏早，梅雨量为 302.9 mm，较常年偏少。长江中游 6 月 25 日入梅，7 月 20 日出梅，均较常年偏晚，梅雨量为 259.2 mm，较常年偏少。长江下游 6 月 22 日入梅，7 月 18 日出梅，均较常年偏晚，梅雨量为 212.3 mm，较常年偏少。江淮地区 6 月 27 日入梅，较常年偏晚，7 月 15 日出梅，与常年持平，梅雨量 260.1 mm，较常年偏多。华北雨季 7 月 21 日开始，8 月 16 日结束，开始时间与常年持平，结束时间较常年偏早，雨季总降水量为 220.6 mm，比常年偏多。华西秋雨 9 月 8 日开始，较常年偏早，11 月 18 日结束，较常年偏晚，秋雨总降水量为 323.5 mm，较常年偏多。

3.1 中国东部雨带演变

我国东部雨带的推进，与东亚季风的推进过程密切相关(图 3.1)。2012 年 4 月上旬至 5 月下旬，主雨带位于我国华南一带，而后逐步向北推进，6 月主要位于江南、江淮一带。7 月上中旬时雨带向北推进到华北、东北一带。8 月上旬起，雨带开始南撤，9 月上旬左右雨带回落到我国华南一带。

2012 年 5—10 月，我国东部雨带的 30～60 天低频变化特征明显。随着南海夏季风暴发，低频降水由华南地区向北传播。6 月末 7 月初，低频降水传播至江南和江淮一带，与该地区的梅雨相对应。7 月底 8 月初，低频降水推至华北，华北雨季开始，同时华南进入后汛期。此后，低频降水开始南撤，在 9 月底 10 月初撤至北纬 25°N 以南。

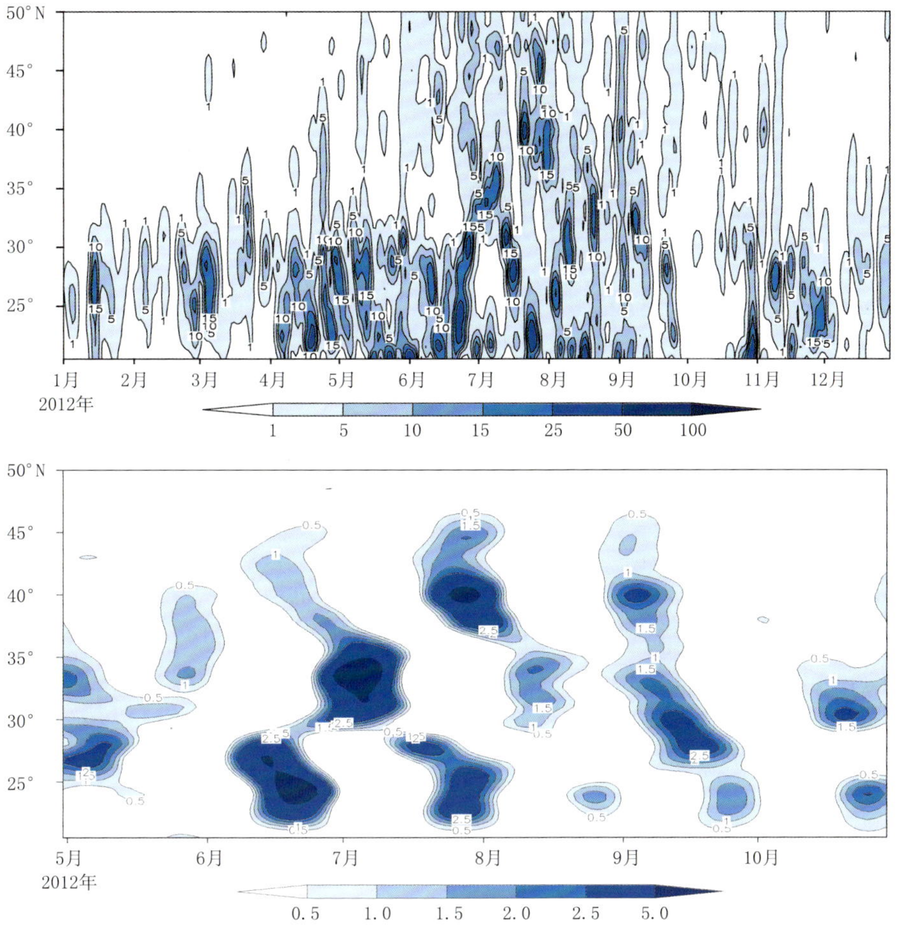

图 3.1 2012 年我国东部(110°～120°E)日平均降雨量(上)和
30～60 天(下)低频降水纬度—时间剖面图(单位:mm)

3.2 华南前汛期

我国华南地区属副热带季风气候区,是我国降水最多、汛期持续时间最长的地区之一。4—10 月为华南地区的降水集中期,其中,4—6 月被称为华南前汛期。华南前汛期是东亚副热带地区雨带向我国大陆推进的第一个标志性阶段,具有降水集中、雨量大、易引发暴雨洪涝灾害的特点。

3.2.1 华南前汛期总体特征

根据华南前汛期监测业务规范(见附录 A),2012 年华南前汛期开始于 4 月 8 日,较常年(4 月 5 日)偏晚 3 天入汛,结束于 7 月 1 日,较常年(7 月 3 日)偏早 2 天结束。前汛期总降水量为752.8 mm,较常年(714.4 mm)偏多5.4%(图3.2)。

图3.2 1961—2012年华南前汛期开始时间(上)、结束时间(中)及汛期总降水量(下)历年变化图

3.2.2 环流特征

(1)华南前汛期开始前

2012年华南前汛期开始前(3月21日—4月7日,图3.3),500 hPa高度及距平场上,欧亚中高纬西风带为两槽一脊,我国中部和西部地区为宽广的高压脊控制。亚洲中低纬孟加拉湾地区也为正高度距平控制,印缅槽偏弱,减弱了孟加拉湾向华南地区的水汽输送。在850 hPa风场距平场上,我国华南及其南部海域为反气旋性异常环流控制。

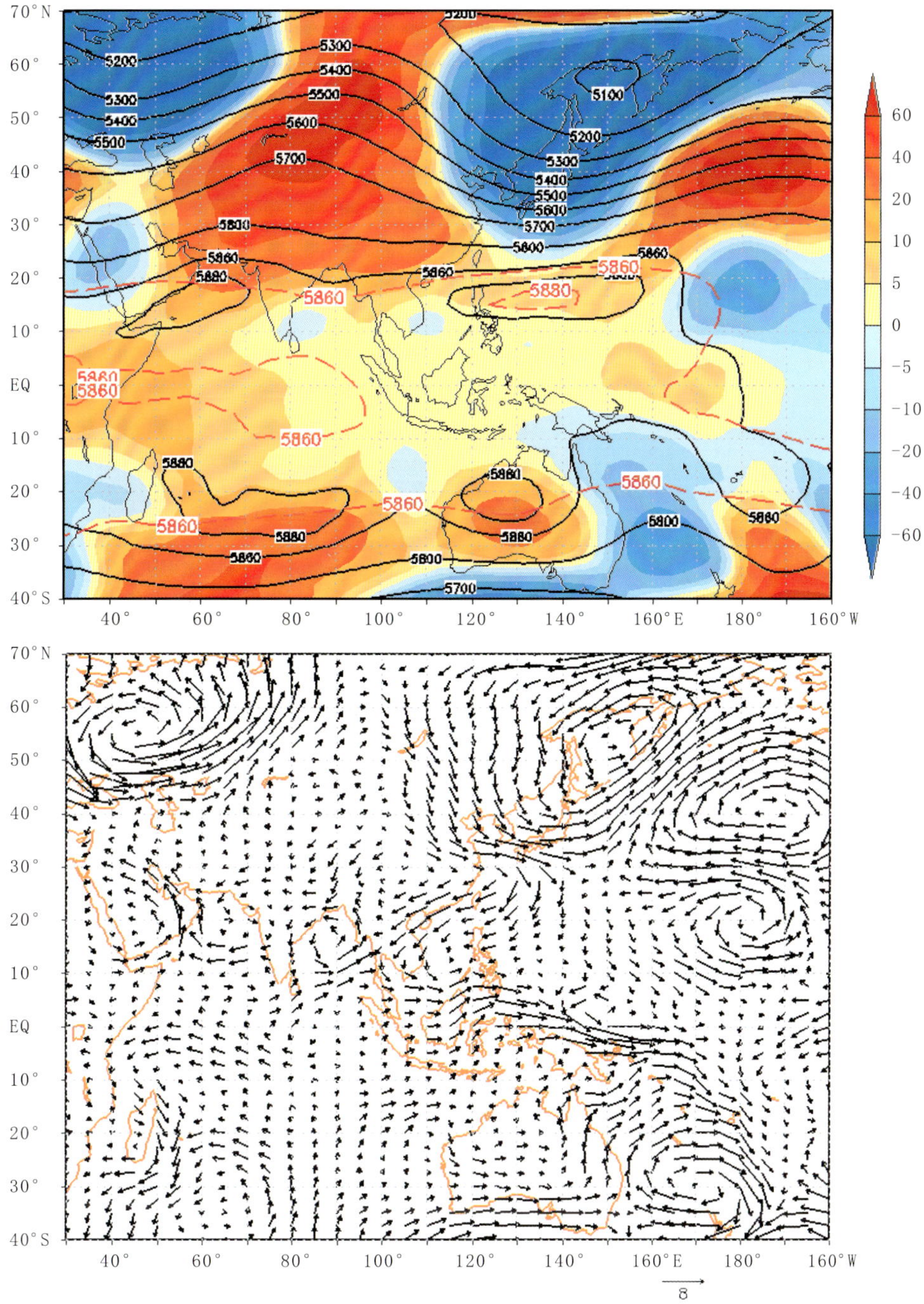

图 3.3　2012 年华南前汛期开始前 500 hPa 高度及距平场(上,单位:gpm)和 850 hPa 风场距平(下,单位:m/s)分布图

(2)华南前汛期内

2012 年华南前汛期内(4 月 8 日—6 月 30 日,图 3.4),500 hPa 高度及距平场上,中高纬大气环流转为两脊一槽型,乌拉尔山及鄂霍次克海高压脊发展加强,贝加尔湖附近低压槽偏深。同时,孟加拉湾高空槽较前期明显加强。850 hPa 风场距平场上,我国华南上空为低层异常气旋性环流,并且孟加拉湾季风槽前的西南气流和副高西侧的转向气流共同导致

了南海及西北太平洋水汽向我国华南地区的输送，有利于华南地区降水的出现。

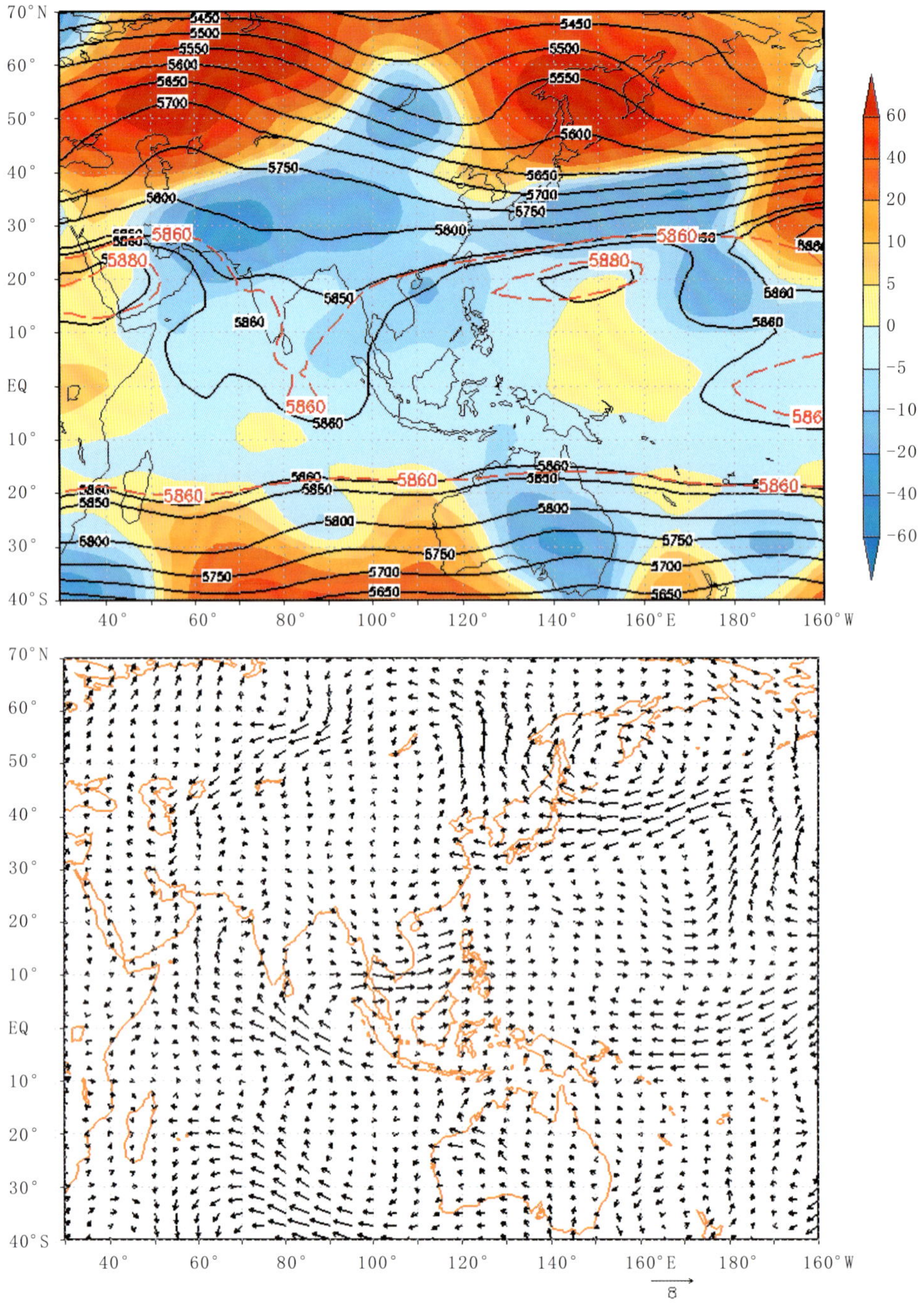

图 3.4　2012 年华南前汛期内 500 hPa 高度及距平场（上，单位：gpm）和 850 hPa 风场距平（下，单位：m/s）分布图

(3)华南前汛期结束后

2012 年华南前汛期结束后（7 月 1—10 日，图 3.5），500 hPa 高度场上，西太副高明显加强，并西伸、北抬，控制我国华南地区。受副高北抬影响，在 850 hPa 风场距平场上，华南东部至江南地区为反气旋性异常环流，引导来自西太平洋和南海的暖湿气流进一步向江淮地区输送，华南地区降水迅速减少。

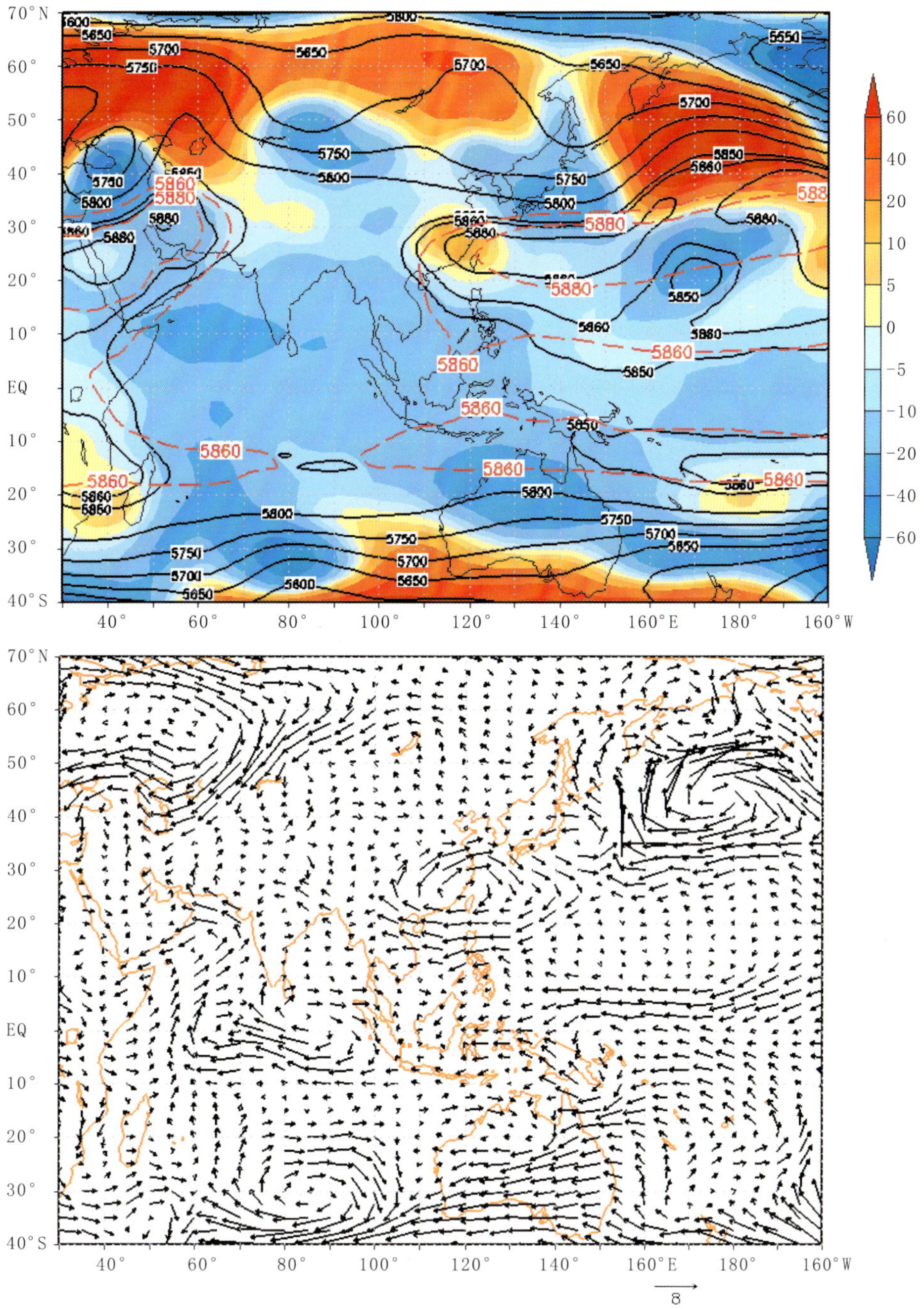

图 3.5 2012 年华南前汛期结束后 500 hPa 高度及距平场(上,单位:gpm)和 850 hPa 风场距平(下,单位:m/s)分布图

3.3 西南雨季

我国西南地处低纬高原地区,位于青藏高原向东延伸的部位,受亚洲季风的影响比较明显,干湿季节相当分明。5—10 月是西南地区湿季,受西南夏季风和东亚夏季风的交替影

响，水汽充沛，降水比较集中，大部分地区湿季的降水占年总降水量80%以上，而11月—次年4月是干季，受西风带气流影响，气候干燥，降水稀少。

3.3.1 西南雨季总体特征

根据西南雨季监测业务规范（见附录A），2012年西南地区雨季开始于5月29日，较常年（5月26日）偏晚3天，结束于10月11日，较常年（10月14日）偏早3天。雨季总降水量为812.0 mm，比常年（848.8 mm）偏少4.3%，雨季长度为135天，比常年（141天）偏短6天（图3.6）。

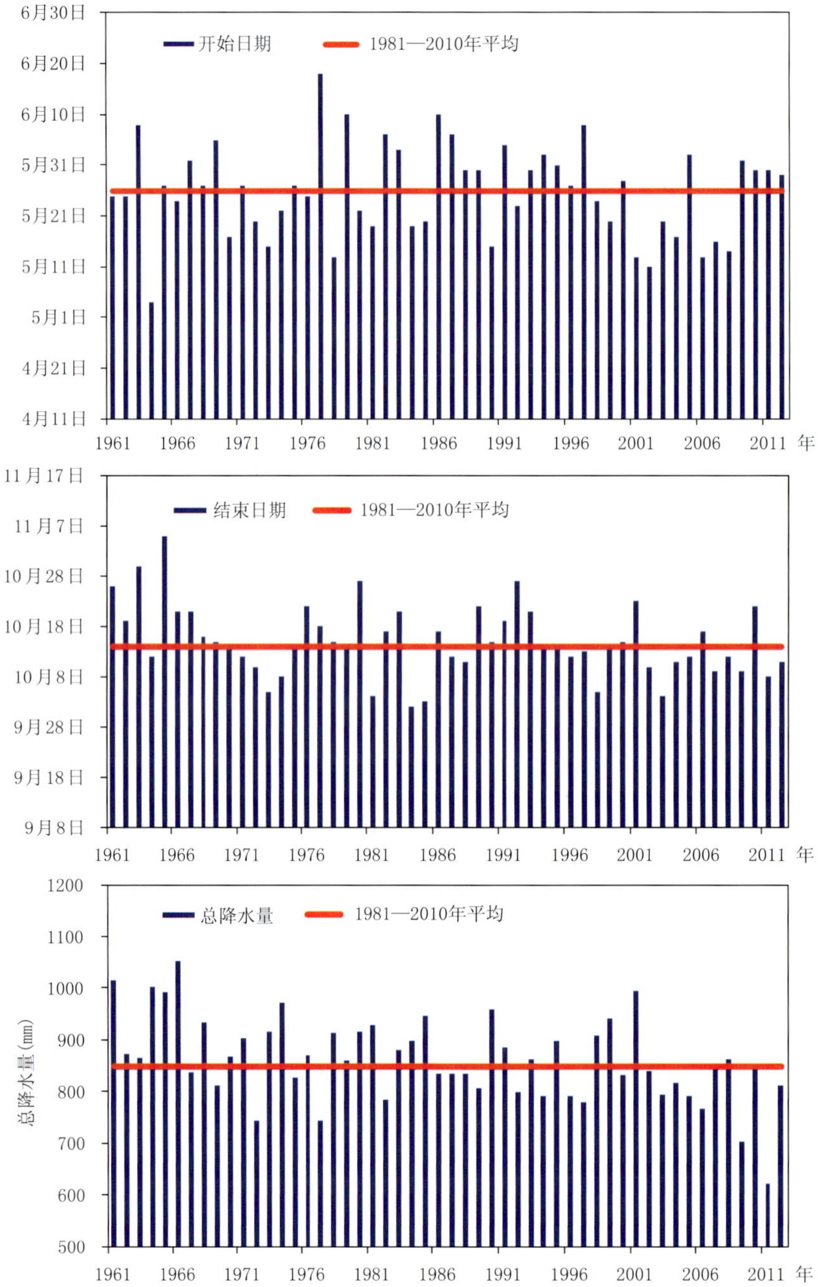

图3.6 1961—2012年西南雨季开始时间（上）、结束时间（中）及雨季总降水量（下）历年变化图

3.3.2 环流特征

(1)西南雨季开始前

2012年西南雨季开始前(5月第5候,图3.7),850 hPa风场距平场上,索马里急流偏弱,热带印度洋西风偏弱,西南地区主要为来自高纬度地区的异常偏北风气流控制。500 hPa高度及距平场上,欧亚中高纬度地区为"两脊一槽"分布,乌拉尔山及鄂霍次克海一带为偏强高空脊控制,而巴尔喀什湖一带低槽亦偏深。低纬度地区,西南一带处于高空脊的控制下。同时,在100 hPa高度及距平场上,南亚高压控制中南半岛北部到我国西南地区一带。

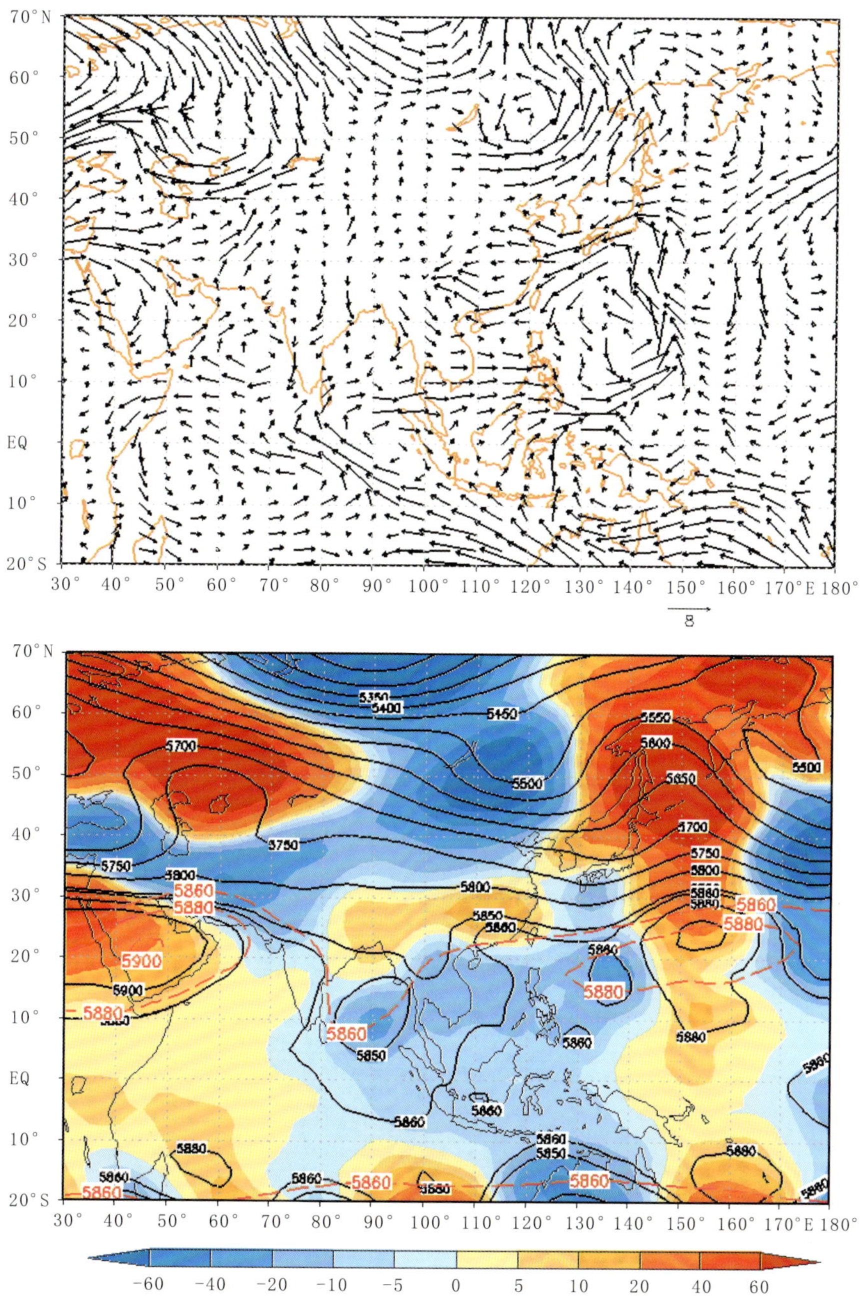

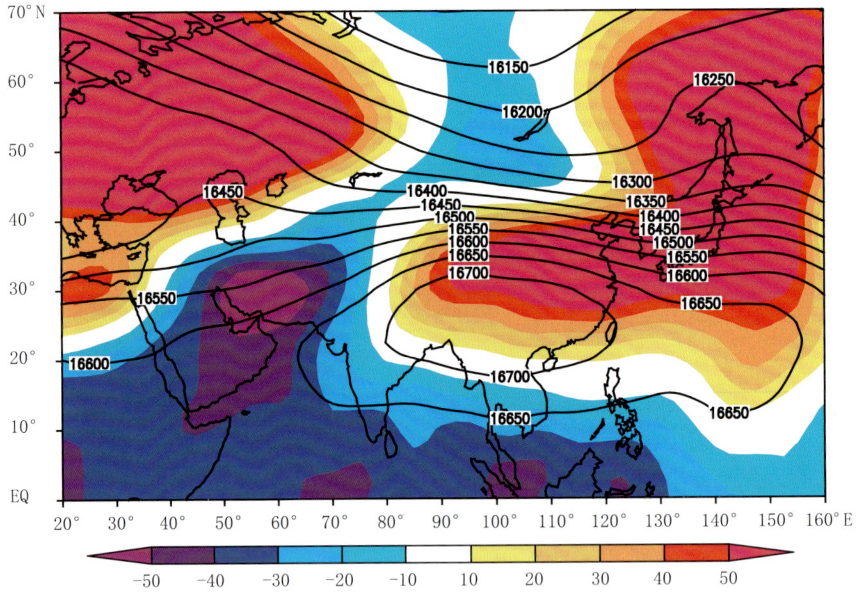

图 3.7　2012 年西南雨季开始前 850 hPa 风场距平(上,单位:m/s)、500 hPa(中,单位:gpm)和 100 hPa(下,单位:gpm)高度及距平场分布图

(2)西南雨季开始后

2012 年西南雨季开始后(6 月第 1 候,图 3.8),850 hPa 风场距平场上,索马里急流偏强,同时热带印度洋西风偏强,将大量水汽输送到我国西南一带。500 hPa 高度及距平场上,欧亚中高纬度地区乌山高空脊加强,同时贝湖一带低槽明显加深。同时,印缅槽明显加深,有利于引导来自印度洋的暖湿空气向西南地区输送,利于西南地区降水的发生。另外,100 hPa 高度及距平场上,南亚高压明显向西扩展,其主体也随之西移并控制青藏高原。

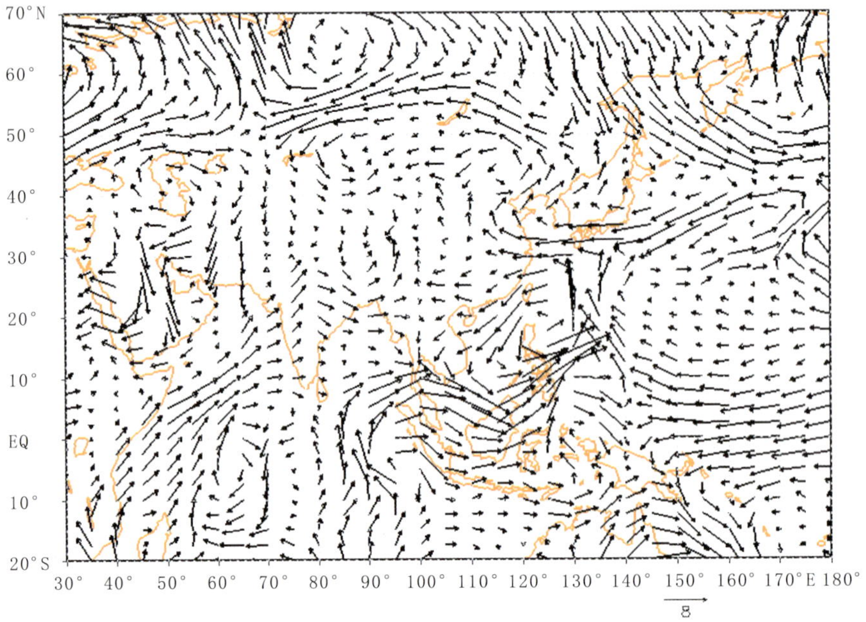

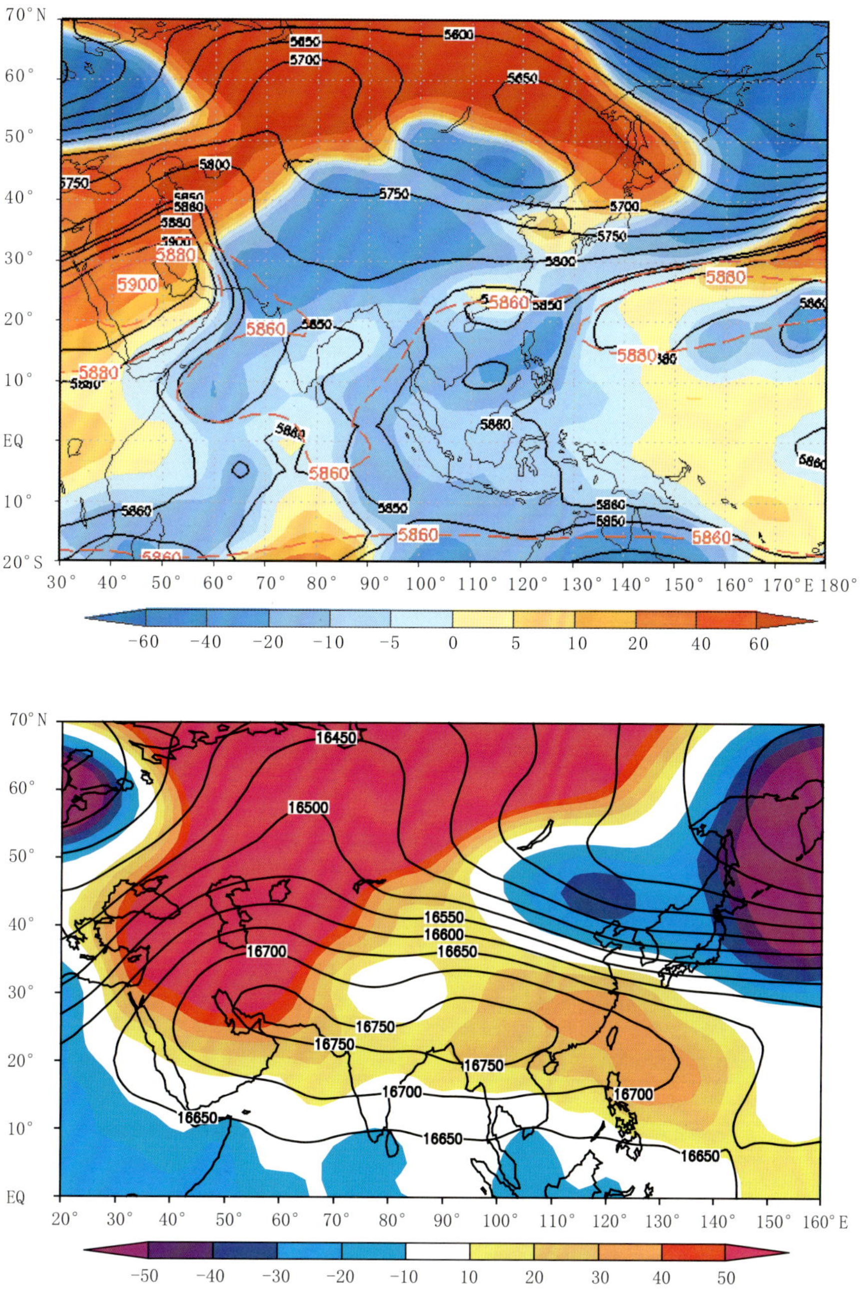

图 3.8　2012 年西南雨季开始后 850 hPa 风场距平(上,单位:m/s)、500 hPa(中,单位:gpm)和 100 hPa(下,单位:gpm)高度及距平场分布图

(3)西南雨季结束后

2012 年西南雨季结束后(10 月第 4 候,图 3.9),850 hPa 风场距平场上,西南季风已基本撤退到阿拉伯海一带,同时亚洲中纬度地区异常西风活跃,西南地区处于中纬度干燥西风气流的控制下,降水迅速减少。500 hPa高度及距平场上,欧亚中高纬地区“西高东低”形势维持,但贝加尔湖一带为宽广的横槽所控制,同时西南地区上空的高度场明显升高。

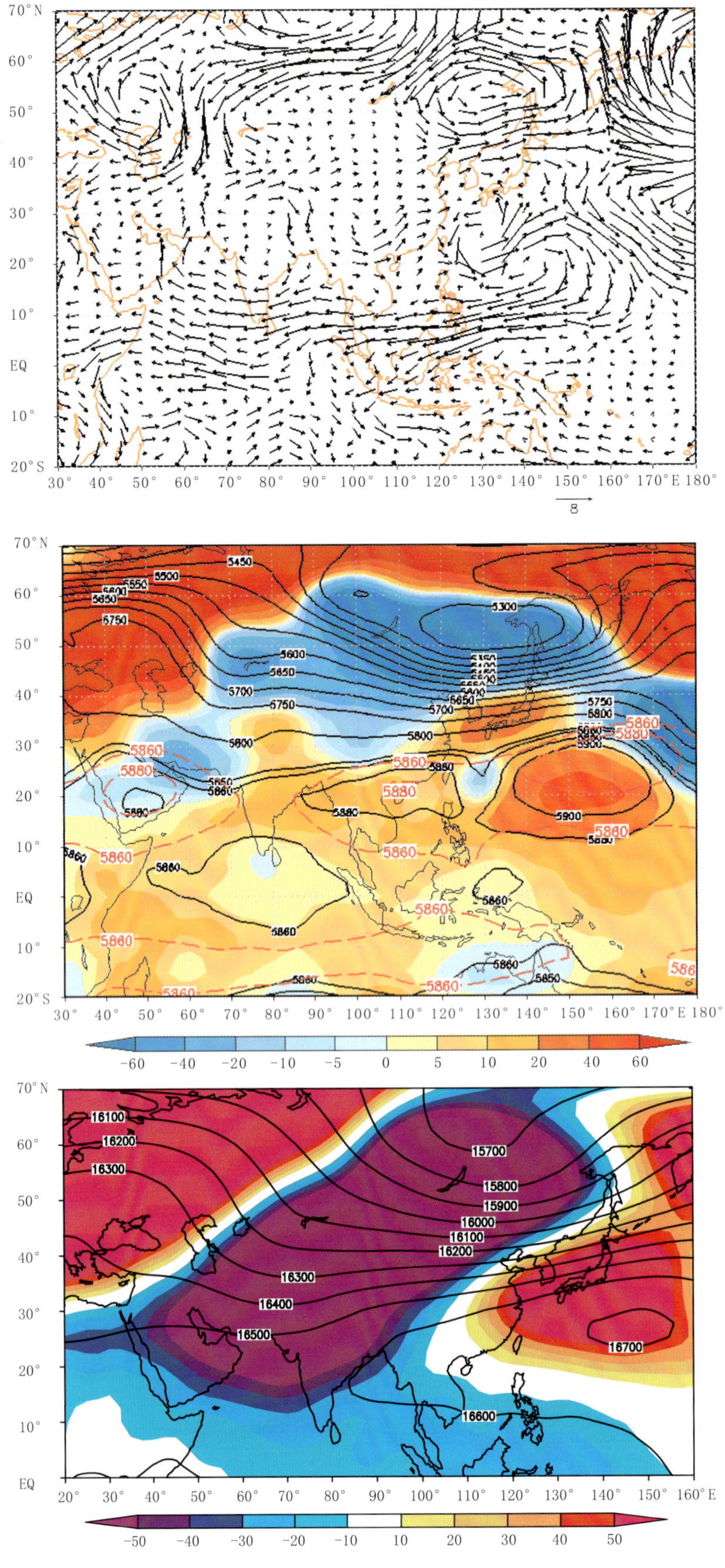

图 3.9　2012 年西南雨季结束后 850 hPa 风场距平(上,单位:m/s)、500 hPa(中,单位:gpm)和 100 hPa(下,单位:gpm)高度及距平场分布图

3.4 中国梅雨

梅雨是指初夏时节从中国江淮流域到日本一带雨期较长的连阴雨天气，期间暴雨强降水过程频繁，雨淅沥沥地下个不停，多雨易生霉，谓之“霉雨”，又因此时正是江南梅子成熟的季节，所以“梅雨”又称为“黄梅雨”。这个时期江淮流域在气候上有着雨量大、日照时数少、高温高湿、风力较小等特点。

3.4.1 梅雨总体特征

按照梅雨监测业务规范（见附录A），2012年江南梅雨6月4日入梅，较常年偏早4天，7月1日出梅，较常年偏早7天，梅雨量为302.9 mm，较常年偏少16.9%；长江中游6月25日入梅，较常年偏晚10天，7月20日出梅，较常年偏晚6天，梅雨量为259.2 mm，较常年偏少14.5%；长江下游6月22日入梅，较常年偏晚4天，7月18日出梅，较常年偏晚6天，梅雨量为212.3 mm，较常年偏少15.3%；江淮地区6月27日入梅，较常年偏晚6天，7月15日出梅，与常年持平，梅雨量260.1 mm，较常年偏多2.5%（表3.1）。

表3.1 梅雨气候分区气候特征及2012年梅雨监测概况

类别	区域	入梅时间	出梅时间	梅雨期（天）	梅雨量（mm）
气候平均	Ⅰ型（江南）	6月8日	7月8日	30	364.7
	$Ⅱ_a$（长江中游）	6月15日	7月14日	29	303.2
	$Ⅱ_b$（长江下游）	6月19日	7月12日	23	250.6
	Ⅲ型（江淮）	6月21日	7月15日	24	253.6
2012年	Ⅰ型（江南）	6月4日	7月1日	27	302.9（−16.9%）
	$Ⅱ_a$（长江中游）	6月25日	7月20日	25	259.2（−14.5%）
	$Ⅱ_b$（长江下游）	6月22日	7月18日	26	212.3（−15.3%）
	Ⅲ型（江淮）	6月27日	7月15日	18	260.1（2.5%）

注：梅雨量括号中数值为梅雨降水距平百分率。

3.4.2 环流特征

（1）梅雨季节开始前

2012年梅雨季节开始前（5月30日—6月3日，图3.10），500 hPa高度及距平场上，副热带高压外围5860线异常偏西、偏北，江南一带处于副高外围下沉气流控制下。850 hPa风场距平场上，华南一带为异常气旋性环流所控制，江南一带处于其外围偏北风异常的控制下。

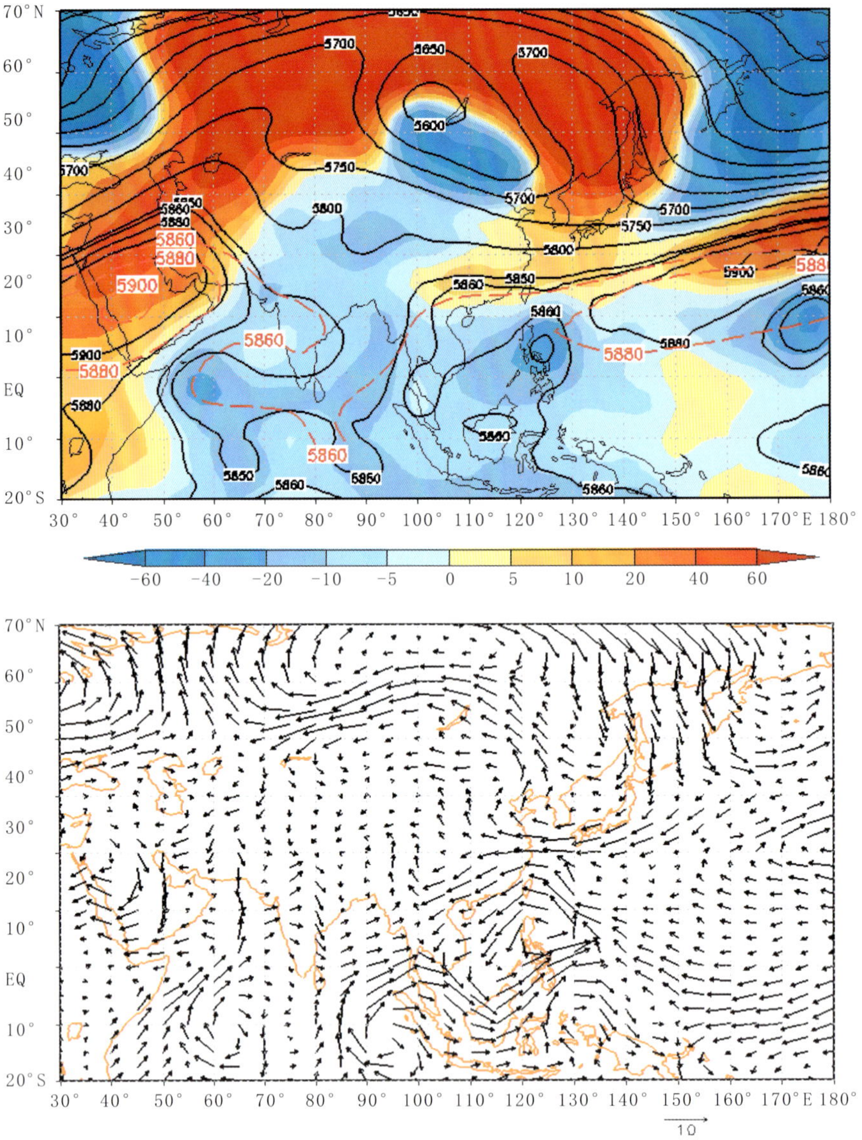

图 3.10　2012 年梅雨季节开始前 500 hPa 高度及距平场(上,单位:gpm)和 850 hPa 风场距平(下,单位:m/s)分布图

(2)梅雨季节开始后

2012 年梅雨季节开始后(6 月 4—8 日,图 3.11),500 hPa 高度及距平场上,副热带高压进一步西伸、北抬,位于西伯利亚平原上空的低压槽发展。850 hPa 风场距平场上,位于华南的异常反气旋性环流带来的偏南风,与来自中高纬地区的偏北风交汇在江南一带。

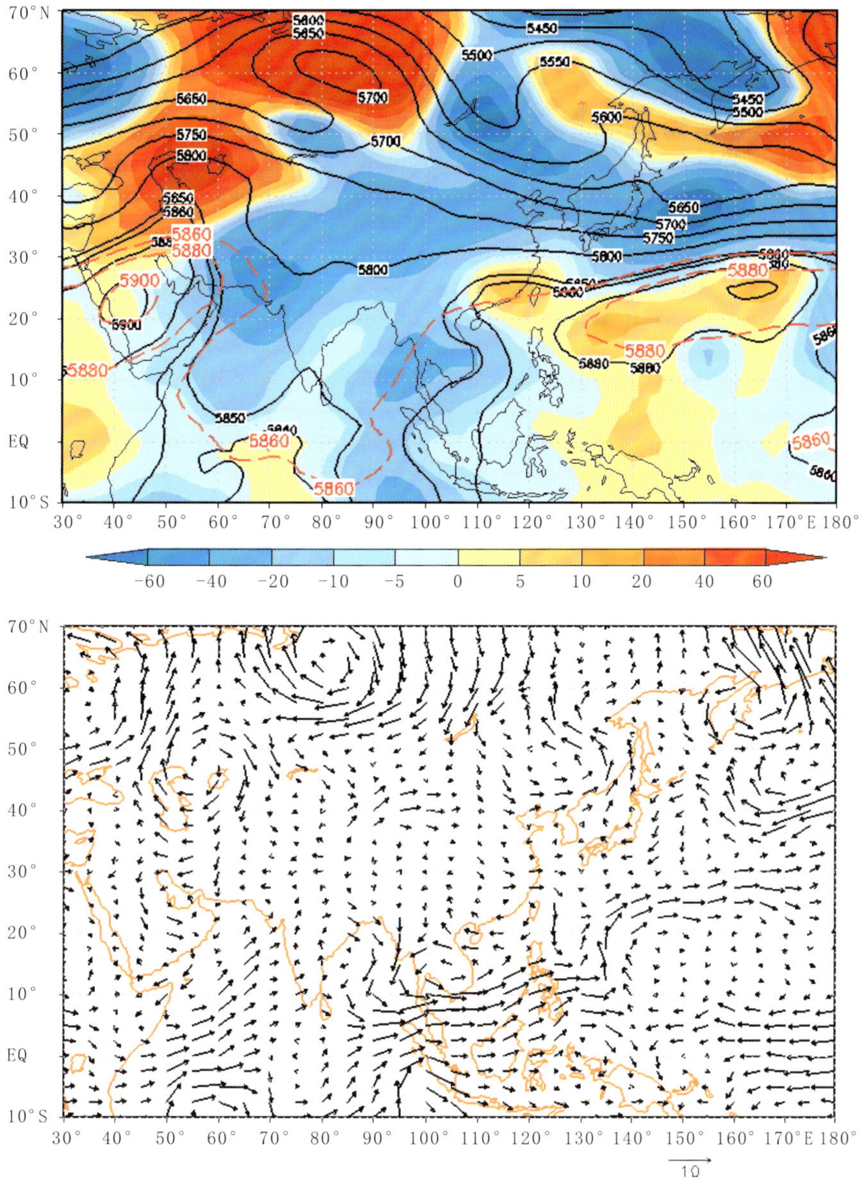

图 3.11 2012 年梅雨季节开始后 500 hPa 高度及距平场(上,单位:gpm)和 850 hPa 风场距平(下,单位:m/s)分布图

(3)梅雨季节结束后

2012 年梅雨季节结束后(7 月 21—25 日,图 3.12),500 hPa 高度及距平场上,副热带高压迅速西伸、北抬,并且原先位于贝加尔湖上空的高空槽发展,南下的冷空气与来自热带地区的暖湿空气汇聚在黄淮一带。同时,850 hPa 风场距平场上,江南、江淮一带受到异常反气旋性环流的影响。

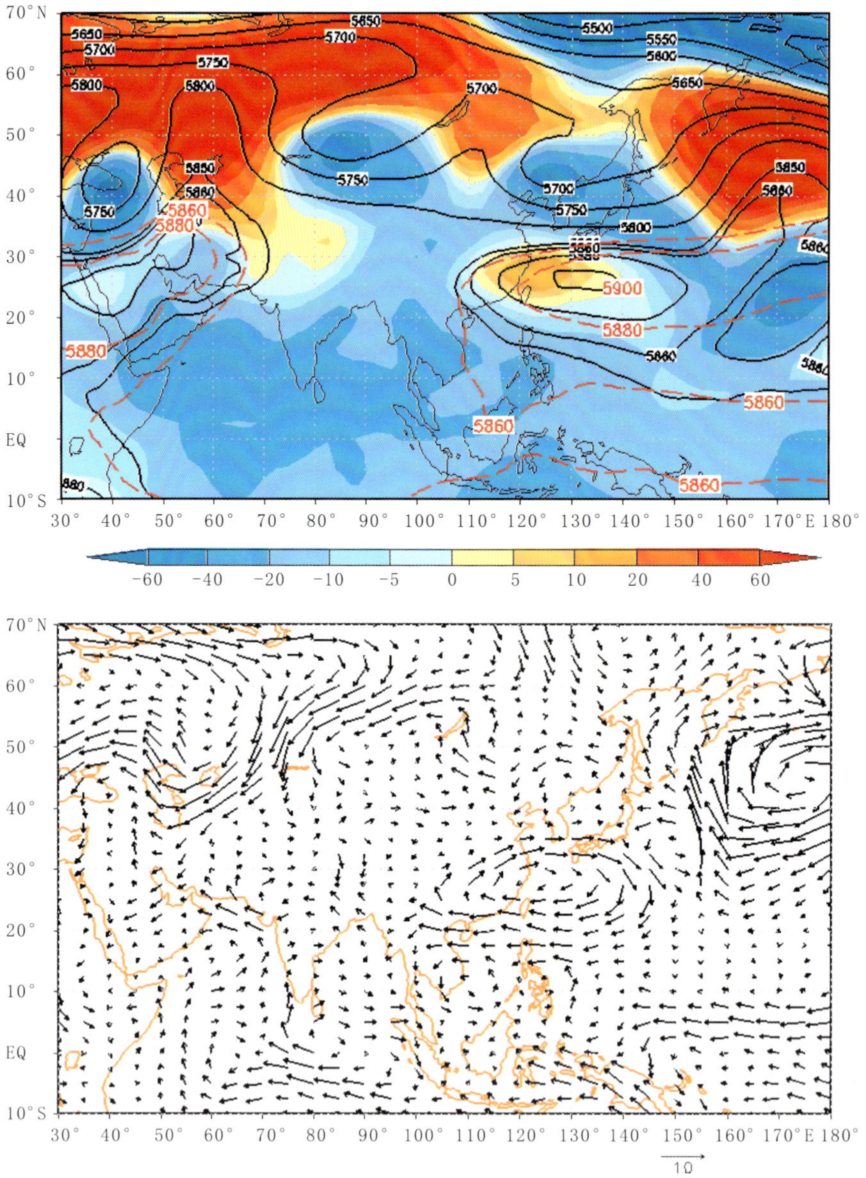

图 3.12　2012 年梅雨季节结束后 500 hPa 高度及距平场(上,单位:gpm)和 850 hPa 风场距平(下,单位:m/s)分布图

3.5　华北雨季

每年 7 月上中旬—8 月上中旬,受东亚夏季风向北推进影响,这一时期华北地区是一年当中降水最活跃时期,平均降雨量一般可占到夏季平均降雨量的 50%左右。华北雨季期间降水多为对流性降雨,强度大,分布极为不均,并伴随雷电大风等天气,有时也会出现冰雹。另外,受季风气候影响,华北雨季长度年际变化大,强弱变化差异显著。

3.5.1 华北雨季总体特征

根据国家气候中心华北雨季监测标准(试行,见附录 A),2012 年华北雨季开始于 7 月 21 日,结束于 8 月 16 日,雨季开始时间与常年持平,结束时间较常年偏早 1 天。雨季内,华北地区平均降水量为 220.6 mm,比常年(154.1 mm)偏多 43.2%(图 3.13)。

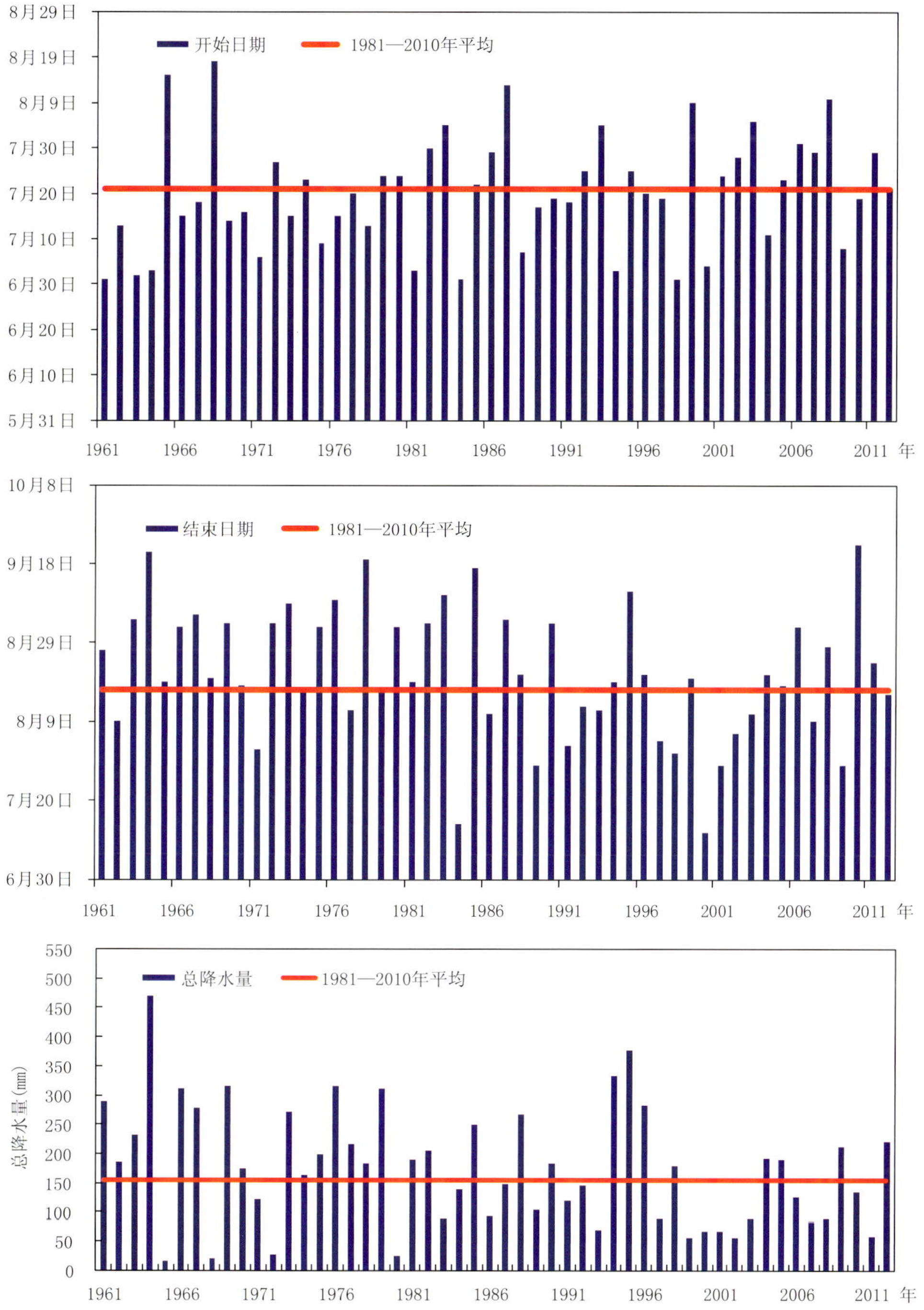

图 3.13 1961—2012 年华北雨季开始时间(上)、结束时间(中)及雨季总降水量(下)历年变化图

3.5.2 环流特征

（1）华北雨季开始前

2012年华北雨季开始前（7月16—20日，图3.14），500 hPa高度及距平场上，欧亚大陆中高纬为两脊一槽的环流形势，乌拉尔山地区及鄂霍次克海东部为高压脊控制，我国华北地区为正高度距平控制。在850 hPa风场距平场上，由于副高偏弱、偏东，华北地区受到副高外围偏南风水汽输送影响较弱。

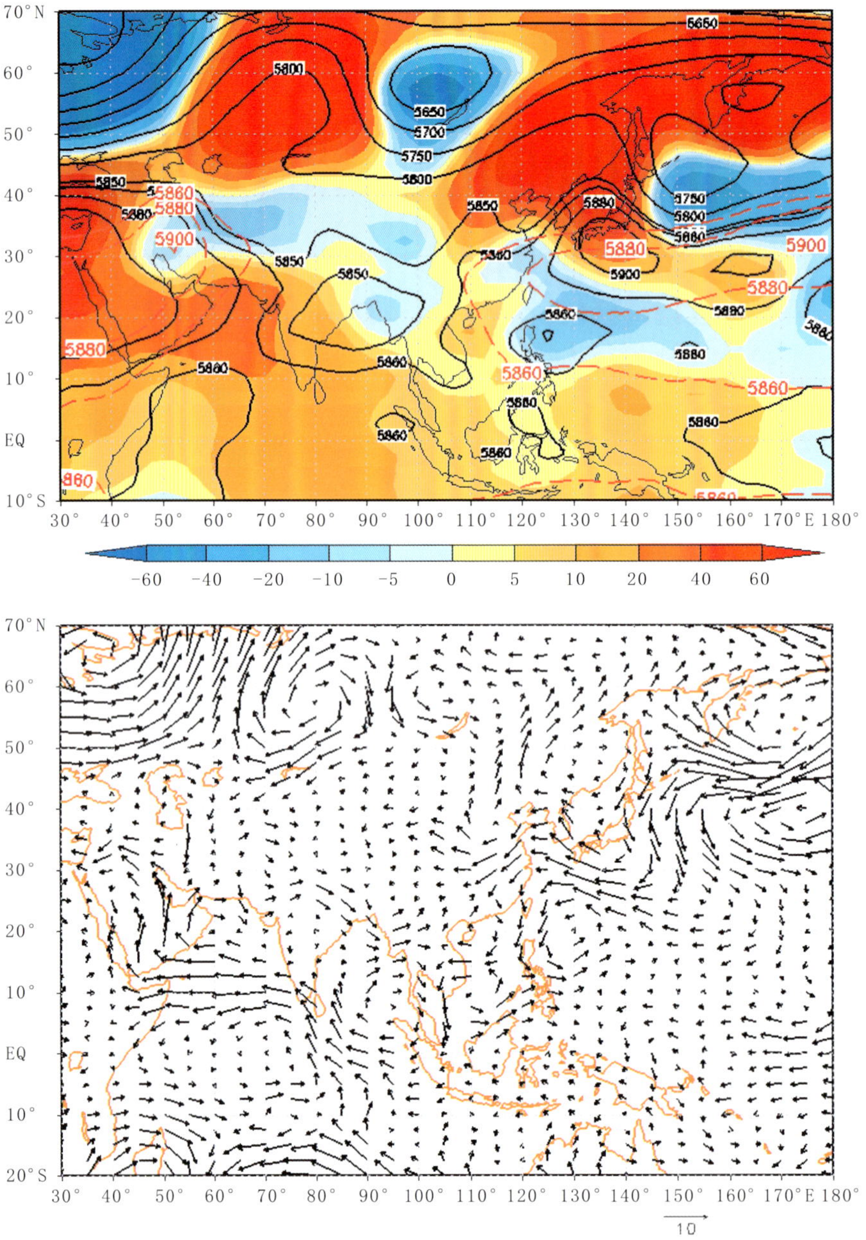

图3.14　2012年华北雨季开始前500 hPa高度及距平场（上，单位：gpm）和850 hPa风场距平（下，单位：m/s）分布图

(2)华北雨季开始后

2012 年华北雨季开始后(7 月 21—25 日,图 3.15),500 hPa 高度及距平场上,欧亚中高纬地区呈现两脊一槽特征。同时,在 850 hPa 风场距平场上,西太副高西伸北抬,其将西北太平洋上的丰沛水汽向我国北方地区输送,与中高纬地区南下的冷空气汇合。

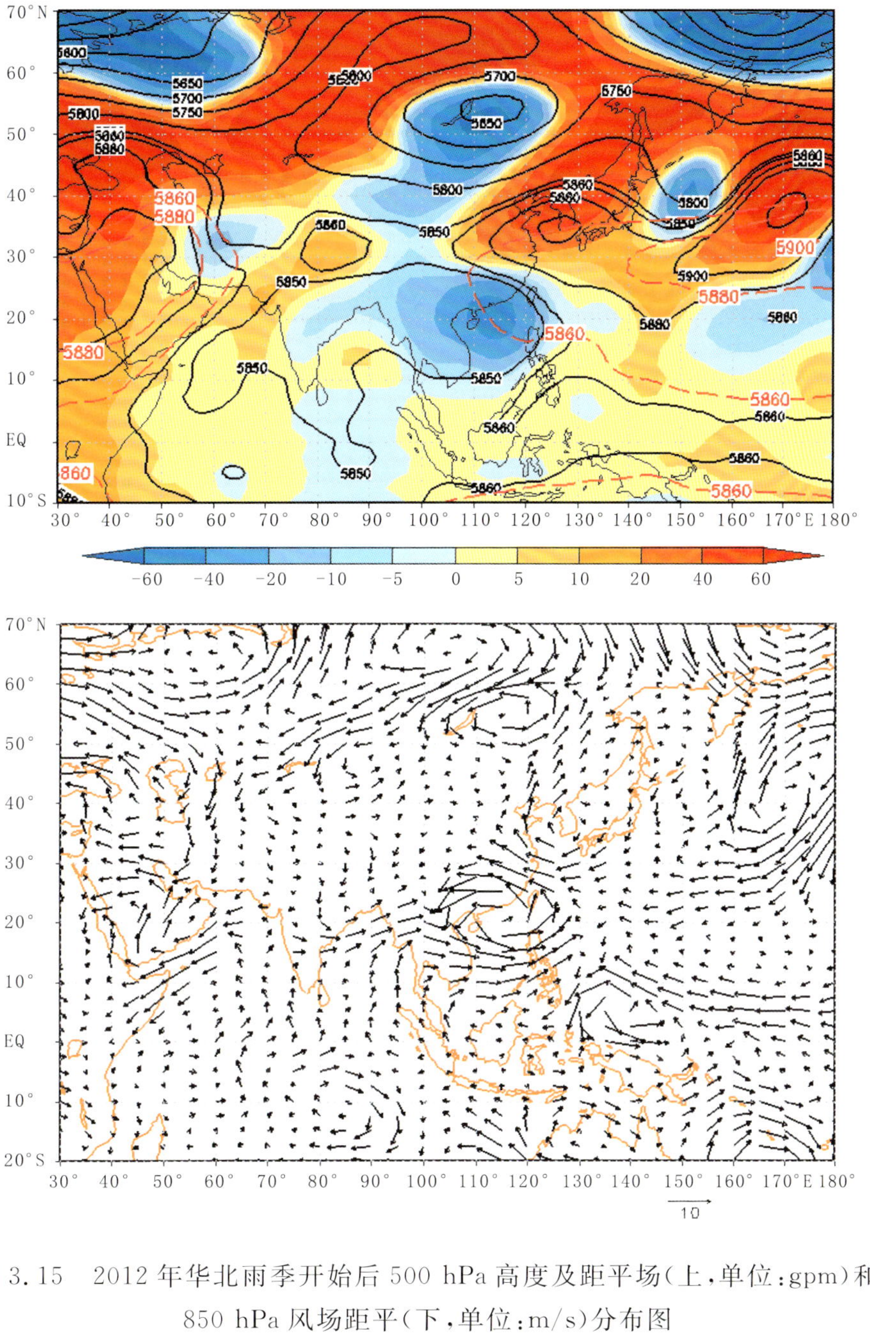

图 3.15 2012 年华北雨季开始后 500 hPa 高度及距平场(上,单位:gpm)和 850 hPa 风场距平(下,单位:m/s)分布图

(3)华北雨季结束后

2012 年华北雨季结束后(8 月 13—17 日,图 3.16),500 hPa 高度及距平场上,欧亚中高纬地区为“北低南高”形势,且在 850 hPa 风场距平场上,华北地区处于低层反气旋异常环流控制下。

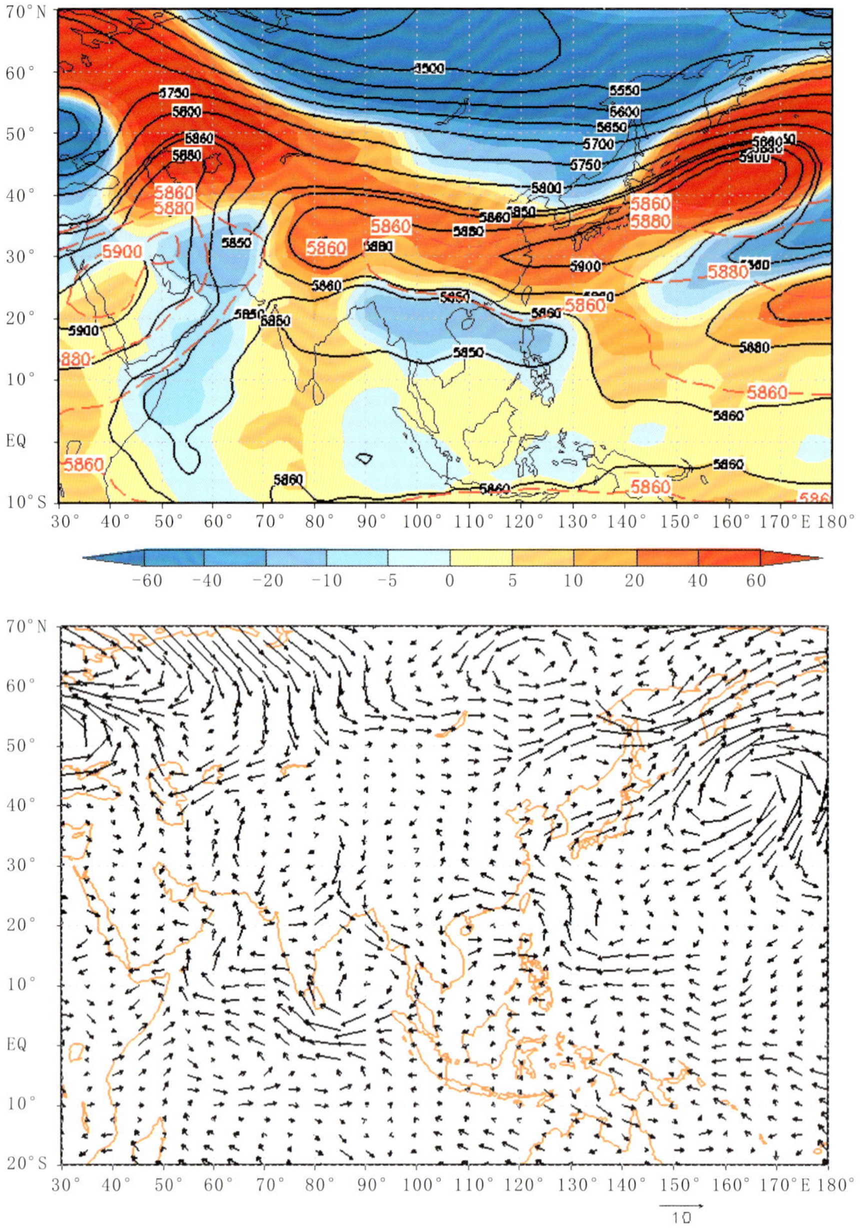

图 3.16　2012 年华北雨季结束后 500 hPa 高度及距平场(上,单位:gpm)和 850 hPa 风场距平(下,单位:m/s)分布图

3.6　华西秋雨

华西秋雨是我国华西地区特有的雨季。它主要出现在四川、重庆、贵州、甘肃东部和南部、陕西关中和陕南、湖南西部、湖北西部一带。华西秋雨以绵绵细雨为主,持续的阴雨寡照,给当地的农业生产和人民生活带来了一定的不利影响。华西秋雨的降水量虽然少于夏

季，但持续的降水也容易引发秋汛，直接关系到工农业生产和人民生命财产安全。

3.6.1 华西秋雨总体特征

根据国家气候中心华西秋雨监测技术标准（试行），2012 年华西秋雨开始于 9 月 8 日，较常年（9 月 12 日）偏早 4 天，11 月 18 日结束，较常年（11 月 2 日）偏晚 16 天。雨季长度为 71 天，与常年（51 天）相比，偏长 20 天。秋雨量为 323.5 mm，较常年（230.0 mm）偏多 40.6%（图 3.17）。

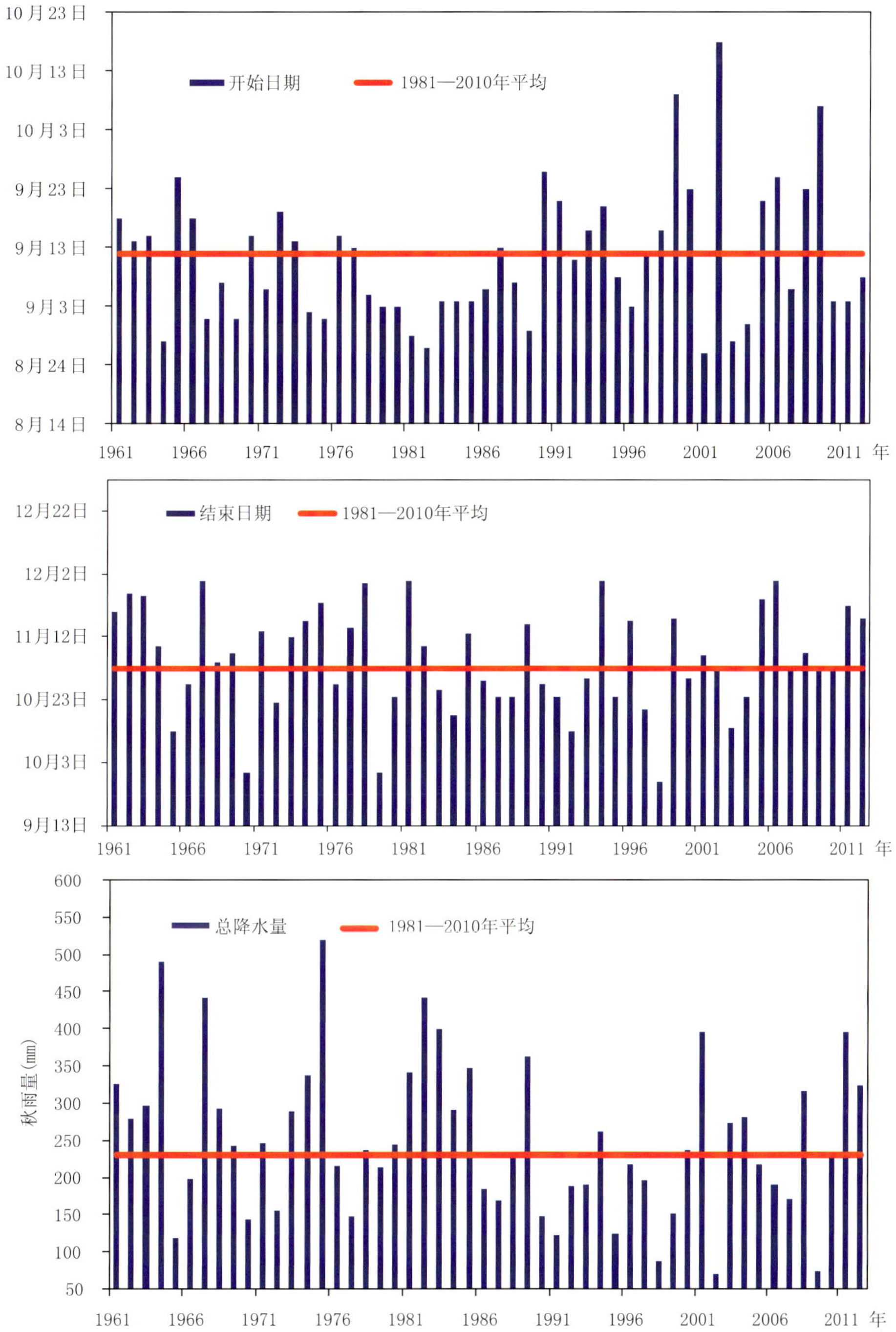

图 3.17 1961—2012 年华西秋雨开始时间（上）、结束时间（中）及秋雨量（下）历年变化图

3.6.2 环流特征

(1)华西秋雨开始前

2012 年华西秋雨开始前(9 月 3—7 日,图 3.18),500 hPa 高度及距平场上,欧亚地区中高纬度为“西低东高”形势,我国受偏强高空脊控制。850 hPa 风场距平场上,我国北方地区为异常偏南风控制。同时,在中低纬度地区,西太副高较常年偏西、偏强,印缅槽偏弱。受低纬度高压带阻挡,源自西太平洋和印度洋的暖湿水汽难以输送到我国华西地区。

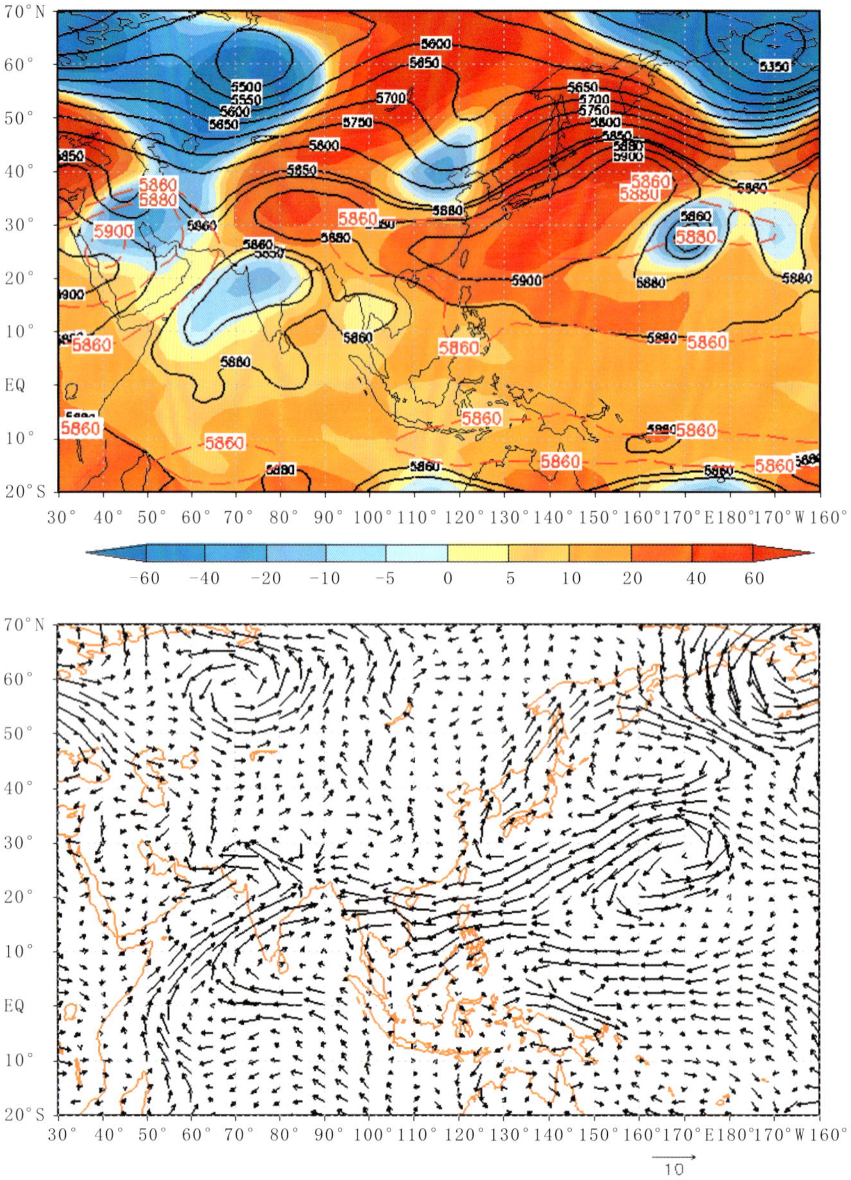

图 3.18 2012 年华西秋雨开始前 500 hPa 高度及距平场(上,单位:gpm)和 850 hPa 风场距平(下,单位:m/s)分布图

(2)华西秋雨开始后

2012年华西秋雨开始后(9月8—12日,图3.19),500 hPa高度及距平场上,乌拉尔山—贝加尔湖一带为高压脊控制,而我国大部位于偏强的高空槽后,日本海上空为偏强高压脊控制下,有利于冷空气沿高空槽后入侵我国华西地区,与来自热带地区的暖湿空气汇聚在华西。

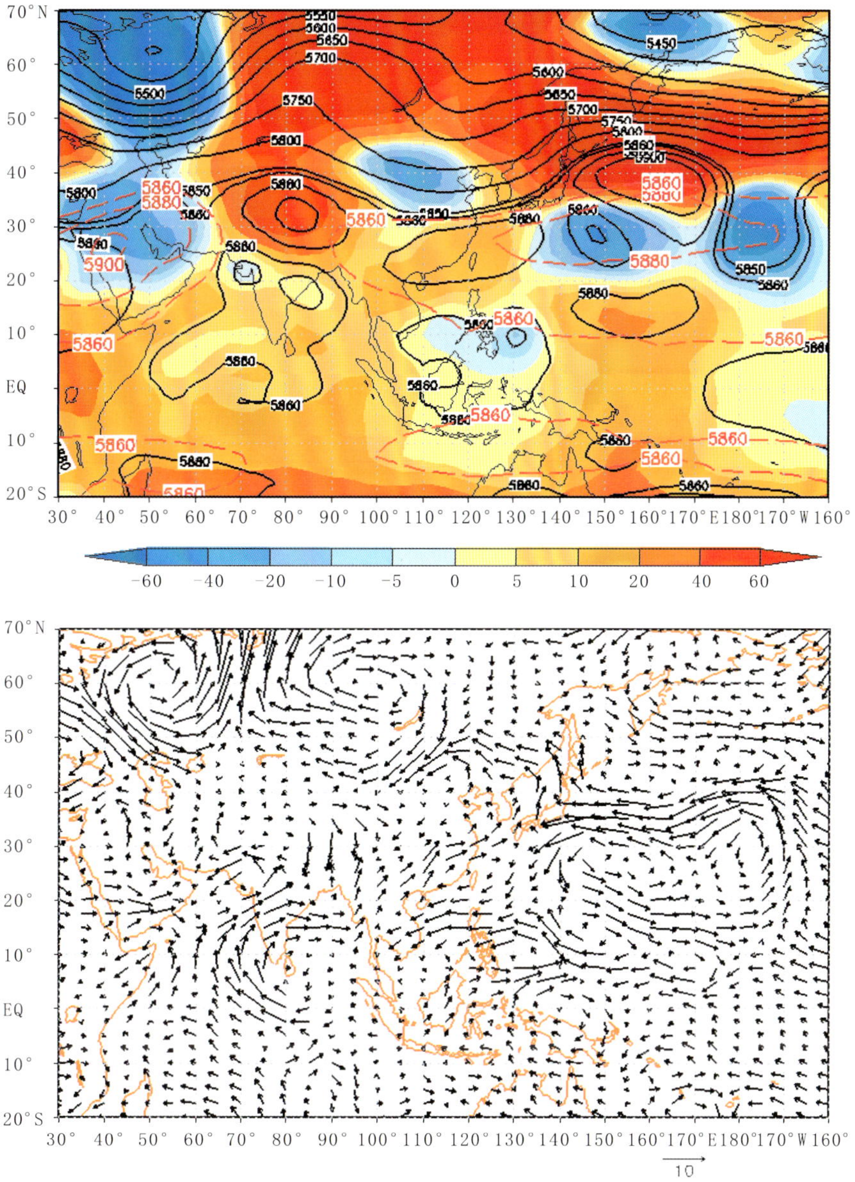

图3.19 2012年华西秋雨开始后500 hPa高度及距平场(上,单位:gpm)和850 hPa风场距平(下,单位:m/s)分布图

(3)华西秋雨结束后

2012年华西秋雨季结束后(11月18—22日,图3.20),500 hPa高度及距平场上,东亚地区基本为一宽广横槽所控制,冷空气活动减弱。与此同时,亚洲中低纬度地区重新被异常偏强的高压带所控制,切断了源自印度洋经孟加拉湾向我国华西输送的水汽供应。

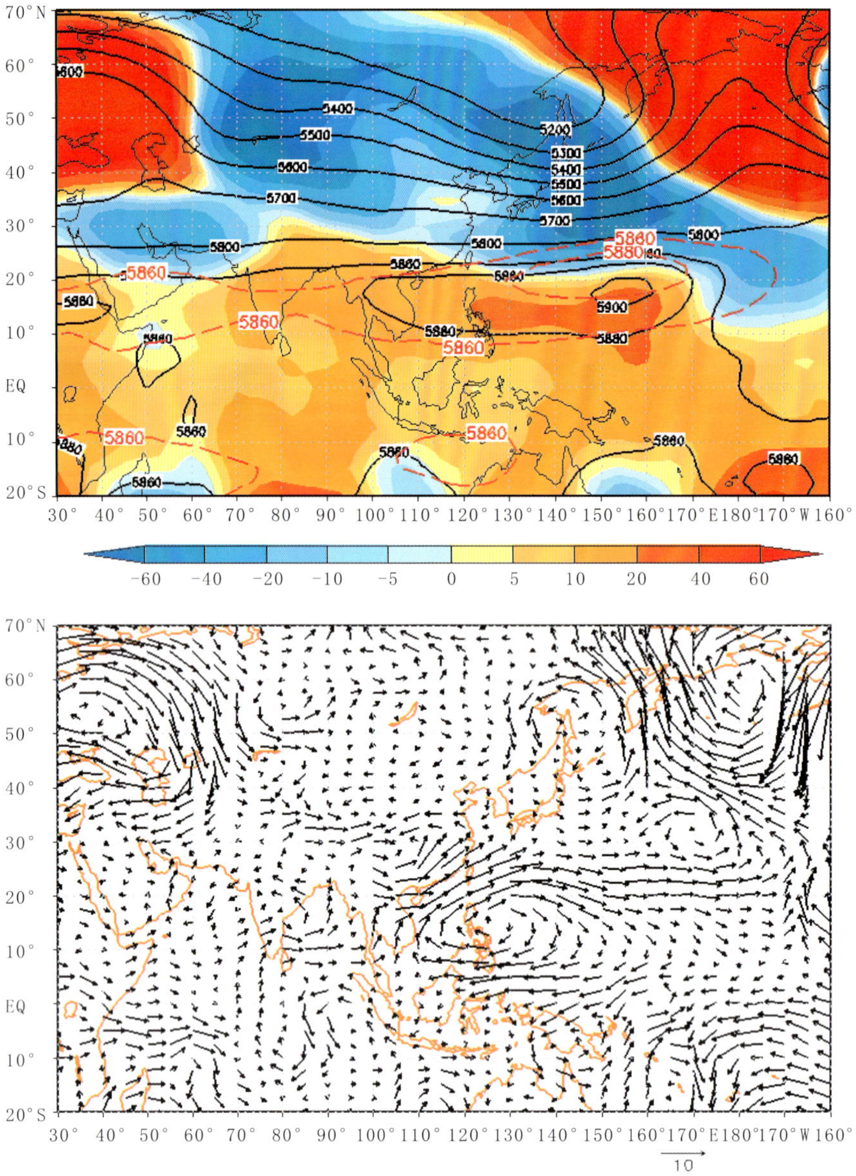

图 3.20　2012 年华西秋雨结束后 500 hPa 高度及距平场(上,单位:gpm)和 850 hPa 风场距平(下,单位:m/s)分布图

3.7　中国雨季总体概况

综合以上分析,2012 年中国雨季总体概况见表 3.2。

表 3.2 2012 年中国雨季概况信息表

		开始时间—结束时间	总雨量(mm)
华南前汛期		2012 年 4 月 8 日—7 月 1 日	752.8(偏多 5.4%)
西南雨季		2012 年 5 月 29 日—10 月 11 日	812.0(偏少 4.3%)
梅雨	江南	2012 年 6 月 4 日—7 月 1 日	302.9(偏少 16.9%)
	长江中游	2012 年 6 月 25 日—7 月 20 日	259.2(偏少 14.5%)
	长江下游	2012 年 6 月 22 日—7 月 18 日	212.3(偏少 15.3%)
	江淮	2012 年 6 月 27 日—7 月 15 日	260.1(偏多 2.5%)
华北雨季		2012 年 7 月 21 日—8 月 13 日	220.3(偏多 43.0%)
华西秋雨		2012 年 9 月 8 日—11 月 18 日	323.5(偏多 40.6%)

附录 A　资料和指标说明

A1　资料

全球地面逐月平均气温、降水量资料来自国家气象信息中心和美国国家气候资料中心，共 3285 个观测站，多年平均基准为 1981—2010 年。

中国地面逐月平均气温、降水量资料来自国家气象信息中心，共 2415 个观测站，多年平均基准期为 1981—2010 年。

中国极端事件指标监测使用的逐日资料来自国家气象信息中心，从全国 2415 个气象站中选取时间序列至少有 40 年、分布较为均匀的 2385 个站点，观测要素包括平均气温、最高气温、最低气温及日降水量，多年平均基准期为 1981—2010 年。

大气环流资料来自美国国家环境预测中心，多年平均基准期为 1981—2010 年。

向外射出长波辐射(OLR)资料来自美国国家海洋大气局，网格点距为 2.5°×2.5°，多年平均基准期为 1981—2010 年。

海表温度(SST)实时和历史资料来自美国国家海洋大气局，网格点距为 1°×1°，多年平均基准期为 1981—2010 年(Reynolds 等，2002)。

北半球积雪资料为美国国家海洋大气局卫星监测的北半球逐周积雪覆盖数据，来自美国罗格斯大学气候实验室，多年平均基准期为 1981—2010 年。

南、北极海冰密集度资料来自美国国家海洋大气局，分辨率为 1°×1°，多年平均基准期为 1982—2010 年。

A2　监测指标说明

A2.1　极端事件监测指标

中国极端事件监测使用历史极值、百分位阈值等方法定义的指标进行监测，具体指标定义方法说明如下。

历史极值：某指标历史序列的极大或极小值，要求该历史序列从建站到统计截止时间至少有 30 年。

极端事件：对某指标的样本序列从小到大进行排位，定义超过该序列第 95 百分位值为极端多事件，低(少)于第 5 百分位值为极端少事件。样本序列由该指标在多年平均基准期 30 年(1981—2010 年)内每年的极大值和次大值共 60 个样本组成。

极端强降水事件：某日降水量大于日降水量样本序列的第 95 百分位值。

极端高温事件：某日最高气温大于日最高气温样本序列第 95 百分位值。

极端低温事件：某日最低气温小于日最低气温样本序列第 5 百分位值，且该日最低气温≤4℃(寒潮标准)。

站次数：某观测站出现极端事件的次数。

A2.2 北半球中高纬阻塞高压指数

对每个经度，南 500 hPa 高度梯度(GHGS)和北 500 hPa 高度梯度(GHGN)计算如下：

$$\mathrm{GHGS} = \frac{Z(\varphi_0) - Z(\varphi_s)}{\varphi_0 - \varphi_s}$$

$$\mathrm{GHGN} = \frac{Z(\varphi_n) - Z(\varphi_0)}{\varphi_n - \varphi_0}$$

式中，$\varphi_n = 80°\mathrm{N} + \delta$，$\varphi_0 = 60°\mathrm{N} + \delta$，$\varphi_s = 40°\mathrm{N} + \delta$，$\delta = -5°, 0°, 5°$。

对某时某经度任意一个 δ 值，如果条件满足：

(1)GHGS>0

(2)GHGN<－10 gpm/纬度

则诊断为该时该经度有阻塞，阻塞指数为 GHGS。当有两个以上的 δ 值同时满足(1)和(2) 两个条件时，则取 GHGS 值大者为阻塞指数。因为阻高有一段持续的时间，在计算 GHGS 和 GHGN 之前，先对 500 hPa 高度场做 5 天的滑动平均，把有充分持续时间的阻高分离出来。

阻塞高压的定义和计算方法见参考文献(李威等，2007；Lejenas 等，1983；Tibaldi 等，1990)。

A2.3 西北太平洋热带辐合带(ITCZ)强度指数

夏季 120°～150°E，5°～20°N 范围内 OLR 的平均值作为夏季西北太平洋 ITCZ 的强度指数(曹西等，2013)。

A2.4 马斯克林高压指数

35°～25°S，40°～90°E 范围内的 SLP 面积加权平均值。

A2.5 澳大利亚高压指数

35°～25°S，120°～150°E 范围内的 SLP 面积加权平均值。

A2.6 越赤道气流

索马里越赤道气流：5°S～5°N，40°～50°E 范围内 850 hPa 经向风的面积加权平均值。

孟加拉湾越赤道气流：5°S～5°N，80°～90°E 范围内 850 hPa 经向风的面积加权平均值。

南海越赤道气流：5°S～5°N，100°～110°E 范围内 850 hPa 经向风的面积加权平均值。

菲律宾越赤道气流：5°S～5°N，120°～130°E 范围内 850 hPa 经向风的面积加权平均值。

A2.7 南亚高压

选取青藏高原及其周围地区（0°～55°N，0°～180°E）上空 100 hPa 东西风零线上位势高度最大处为主高压中心，定义高压中心的位势高度（减去 1600 gpm）为强度指数。

A2.8 东亚副热带西风急流指数

选取 90°～180°E，10°～60°N 范围内 200 hPa 高度上风速≥30 m/s 格点（连续区域）为副热带西风急流区，以急流区内风速与 30 m/s 的差值为权重，按下式计算急流位置指数：

$$I_{Lon} = \frac{1}{\sum_{i=1}^{n}(V_i - 30)} \sum_{i=1}^{n}\{(V_i - 30) \times Lon_i\}，当 V_i \geqslant 30\ \mathrm{m/s}$$

$$I_{Lat} = \frac{1}{\sum_{i=1}^{n}(V_i - 30)} \sum_{i=1}^{n}\{(V_i - 30) \times Lat_i\}，当 V_i \geqslant 30\ \mathrm{m/s}$$

式中，I_{Lon}、I_{Lat} 分别为急流经、纬度位置指数；V 为风速；Lon 和 Lat 分别为经度和纬度。

西风急流区累计风速（格点风速与 30 m/s 的差值）为副热带西风急流强度指数。

A2.9 北极涛动(AO)指数

北半球热带外（20°～90°N）1000 hPa 高度异常场（相对 1981—2010 年平均）经验正交函数分析（EOF）所得的第一模态的时间系数的标准化序列。

A2.10 南海季风监测指标

南海季风监测区选为：10°～20°N，110°～120°E。

南海夏季风起止时间的判定指标：以南海季风监测区内平均纬向风和假相当位温为监测指标，同时参考 200 hPa、850 hPa 和 500 hPa 位势高度场的演变。监测区内平均纬向风由东风稳定转为西风以及假相当位温稳定地＞340 K 的时间为南海夏季风暴发时间。

南海夏季风强度逐候变化：以南海季风监测区内平均纬向风逐候变化和同时段气候平均值比较，考察南海夏季风强度的逐候变化。

年南海夏季风强度指数：南海夏季风暴发到结束期间纬向风强度累积值的标准化距平值为当年南海夏季风强度指数（多年平均基准期为 1981—2010 年）（朱艳峰，2005）。

A2.11 亚洲热带夏季风暴发指标

夏季风暴发与风向的转变、对流活动和强降水的发生是密不可分的，因此，这里综合考虑热力和动力因素，用850 hPa候平均的纬向风＞0同时OLR满足≤230 W/m^2，以及候平均降水＞6 mm定义为亚洲热带夏季风暴发的临界值(柳艳菊等，2007)。

A2.12 东亚夏季风监测指标

采用张庆云等(2003)定义，即：将东亚热带季风槽区(10°～20°N，100°～150°E)与东亚副热带地区(25°～35°N，100°～150°E)6—8月平均的850 hPa风场的纬向风距平差定义为东亚夏季风指数(I_{EASM})：

$$I_{EASM}=U'_{850\ \mathrm{hPa}(10°\sim20°\mathrm{N},100°\sim150°\mathrm{E})}-U'_{850\ \mathrm{hPa}(25°\sim35°\mathrm{N},100°\sim150°\mathrm{E})}$$

利用该定义计算出逐年的东亚夏季风指数，将东亚夏季风指数≥2 m/s的年份定义为强夏季风年，≤－2 m/s的年份定义为弱夏季风年。

A2.13 东亚冬季风监测指标

取西伯利亚高压强度和东亚冬季风指数(朱艳峰，2008)为冬季风监测指标，其中前者代表冬季风在源地的强弱，后者是适用于描述中国大陆冬季气温变化的东亚冬季风指数。计算方法如下：

西伯利亚高压强度指数：选取西伯利亚高压气候平均位置(40°～60°N，80°～120°E)，计算该区域冬季平均海平面气压值，并进行标准化。

东亚冬季风指数：北半球冬季25°～35°N，80°～120°E区域与50°～60°N，80°～120°E区域平均500 hPa纬向风距平差的标准化数值。

A2.14 华南前汛期监测指标

(1)华南前汛期开始时间

确定华南前汛期开始时间的主要依据是区域内监测站(图A.1)的降水条件，具体方法如下：

①华南地区各省(区)前汛期开始条件：

广东、广西：3月1日起，某监测站出现日降水量≥38.0 mm(大到暴雨级别降水)降水，则认为该站前汛期开始，该日为该监测站前汛期开始日；全省(区)累计前汛期开始站点达到省(区)内监测站点的50%(或以上)，且达到标准的当日及前1日(48小时内)全省(区)共有10%以上站点的日降水量≥38.0 mm，则将该日作为本省(区)前汛期开始日期。

福建、海南：4月1日起，某监测站出现日降水量≥38.0 mm(大到暴雨级别降水)降水，则认为该站前汛期开始，该日为该监测站前汛期开始日；全省累计前汛期开始站点达到省内监测站点的50%(或以上)，且达到标准的当日及前1日(48小时内)全省共有10%以上站点的日降水量≥38.0 mm，则将该日作为本省前汛期开始日期。

②华南地区前汛期开始时间：

以广东、广西、福建、海南四省(区)中前汛期的最早开始日期作为华南地区前汛期开始日期。

(2)华南前汛期结束时间

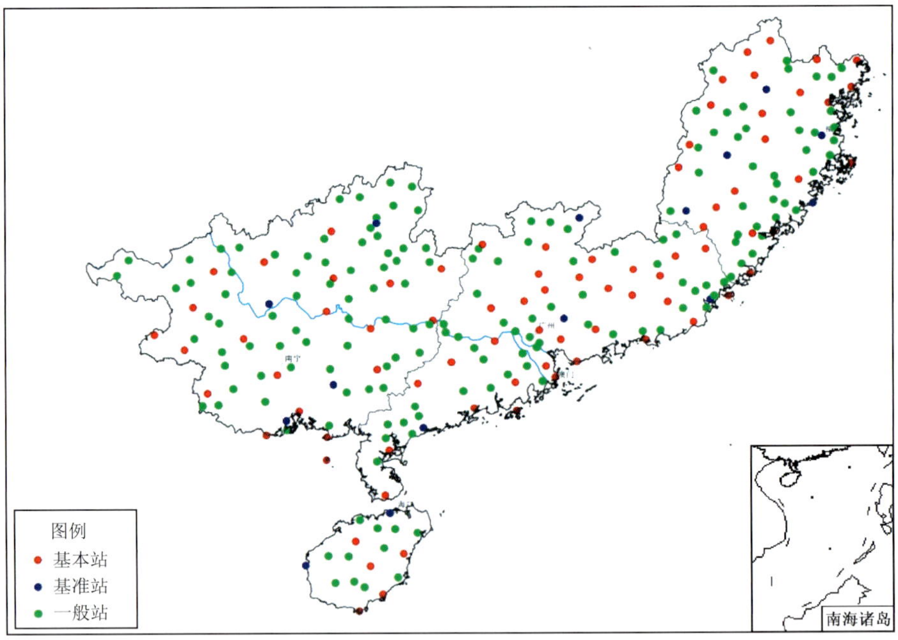

图 A.1 华南前汛期监测站点空间分布示意图

确定华南前汛期结束时间的主要依据是区域内大部分监测站的降水减弱或中断及西北太平洋副热带高压位置等条件。具体方法如下：

①自 6 月 1 日起，华南地区连续 5 天区域平均（监测区 261 个代表站平均）的日降水量 <7.0 mm。

②日降水量≥38.0 mm 的华南地区监测站点数连续 5 天少于总站数的 5%。

③连续 5 天西北太平洋副热带高压脊线位置维持在 22°N 以北。

满足上述 3 个条件后，以华南区域平均日降水量<7.0 mm 的第一天作为前汛期中断日，如果有若干个中断日，则以最接近 6 月 30 日的中断日作为华南前汛期结束日。

（3）华南前汛期长度

华南前汛期开始日至结束日的总天数为华南前汛期长度。

（4）华南前汛期总降水量

华南监测站前汛期降水量的区域平均值为华南前汛期总降水量。

A2.15 西南雨季监测指标

（1）单站雨季开始和结束日期的确定方法

鉴于西南区域气候差异较大，雨季开始和结束日期的监测主要采用单站标准进行监测，具体台站分布（图 A.2）和方法如下：

①雨季开始期判别条件：

自 4 月 21 日开始，任意 5 天滑动累计雨量（R_5）大于等于 5—10 月候雨量气候平均（$\bar{R}_{5-10}/36$）为止，即：

$$K_b = [R_5/(\bar{R}_{5-10}/36)] \geqslant 1$$

式中，$\bar{R}_{5-10}$ 为 5—10 月降水量气候平均值。则：

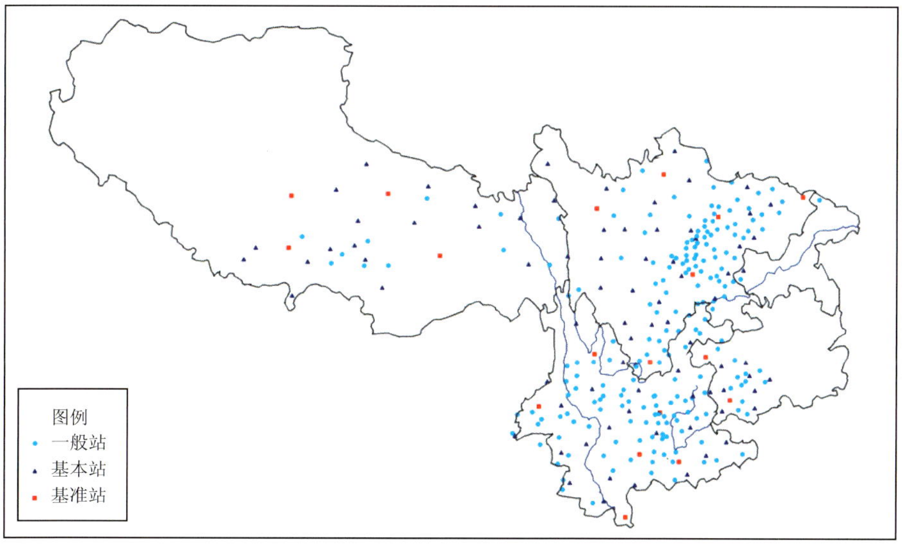

图 A.2 西南雨季监测区域及站点分布示意图

ⓐ在 $K_b \geqslant 1$ 的 5 天中雨量最大的一天确定为雨季开始待定日，在之后的 15 天内又出现 $K_b \geqslant 1$ 的情况，即将雨季开始待定日确定为雨季开始日，雨季开始日所在的候为雨季开始候。

ⓑ如果在之后的 15 天之内再未出现 $K_b \geqslant 1$ 的情况，则重复ⓐ的步骤，重新确定雨季开始待定日和雨季开始日。

ⓒ如果计算得到的雨季开始日期是 4 月 21 日，则逐日向前按ⓐ步骤推算符合雨季开始日期条件的日期。

②雨季结束期判别条件：

自 9 月 21 日开始，任意 5 天滑动累计雨量（R_5）小于等于 1—12 月候雨量气候平均（$\bar{R}_{1-12}/72$）为止，即：

$$K_e = [R_5/(\bar{R}_{1-12}/72)] \leqslant 1$$

式中，$\bar{R}_{1-12}$ 为年降水量气候平均值。则：

ⓐ在 $K_e \leqslant 1$ 的当天确定为雨季结束待定日，在之后的 15 天内未再出现 $K_e \geqslant 1$ 的情况，即将雨季结束待定日确定为雨季结束日，雨季结束日所在的候为雨季结束候。

ⓑ如果在之后的 15 天之内又出现 $K_e \geqslant 1$ 的情况，则重复ⓐ的步骤，重新确定雨季结束待定日期和雨季结束日期。

ⓒ如果计算得到的雨季结束日期是 9 月 21 日，则逐日向前按ⓐ步骤推算符合雨季结束日期条件的日期。

（注意：气候平均通常取最新 3 个整年代的平均值，如：在 2011—2020 年期间取 1981—2010 年 30 年作为气候平均。）

（2）区域雨季开始和结束日期的确定方法

根据单站雨季开始和结束日期的确定方法，西南区域内监测站点有 60％达到雨季开始（结束）的日期，即为西南区域雨季开始（结束）的日期。

区域内某省(区、市)的监测站点60%达到雨季开始(结束)的日期,即为该省(区、市)雨季开始(结束)的日期。

(3)区域雨季长度

西南区域雨季开始日期至结束日期的总天数为西南区域雨季长度。区域内某省(区、市)雨季开始日期至结束日期的总天数为该省(区、市)雨季长度。

(4)区域雨季总降水量

西南区域雨季开始日期至结束日期时段内,区域内监测站点总降水量的平均值为西南区域雨季总降水量。各省(区、市)雨季开始日期至结束日期时段内,各省(区、市)监测站总降水量的平均值为西南各省(区、市)雨季总降水量。

A2.16　中国梅雨监测指标

按照气候类型将梅雨监测区域分为江南区(Ⅰ)、长江区(Ⅱ)、江淮区(Ⅲ);同时,考虑到长江中游与下游梅雨期降水的时空差异,将长江区细分为长江中游区($Ⅱ_a$)和长江下游区($Ⅱ_b$)。各气候分区的梅雨监测站点分别为:江南区65站、长江区157站(中游区115站、下游区42站)、江淮区55站(图A.3)。以区域内各监测站的降水为主要条件,以西北太平洋副热带高压脊线位置、日平均气温、南海夏季风暴发时间等为辅助条件确定区域入(出)梅与梅雨期,具体方法是:

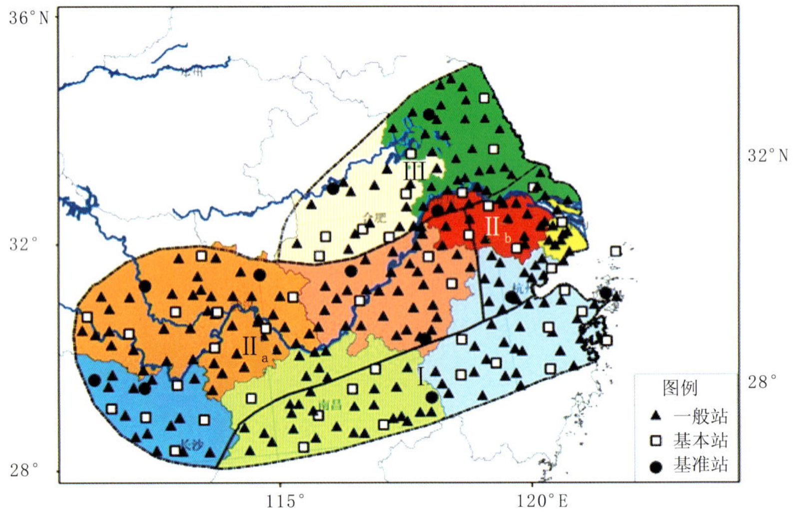

图A.3　梅雨监测区域的气候分区(Ⅰ、$Ⅱ_a$、$Ⅱ_b$、Ⅲ)和行政分区中国家气象观测站(277个)分布图

(1)入(出)梅降水条件

①雨日的确定:某日区域中有1/3以上监测站出现≥0.1 mm的降水,且区域内日平均降水量≥R_d(mm),该日为一个雨日。其中,安徽江淮之间、江苏(长江以南和长江以北)、湖南和上海等地R_d取值为1.0 mm,其他区域R_d取值均为2.0 mm。

②雨期开端日的确定:从第1个雨日算起,往后2日、3日、……、10日中,雨日数占相应时段内总日数的比例≥50%,则第一个雨日为雨期开端日。

③雨期结束日的确定:从雨期的最后1个雨日算起,往前2日、3日、……、10日中,雨

日数占相应时段内总日数的比例≥50%，则最后一个雨日为雨期结束日。

对雨期异常长的情况，在雨期进入8月后第一个非雨日的前一天为雨期结束日；若此不能满足雨期结束日条件，则需要往前推算确定雨期结束日。

④雨期的确定：一个雨期需满足以下条件，任何连续10日的雨日比例≥40%、雨日数≥6天且没有连续5天(含5天)以上的非雨日、站平均降水强度≥5 mm/d。一个雨期长度为该雨期的开端日到结束日所经历的日数。

⑤入梅时间的确定：第一个雨期的开端日即为入梅日。

⑥出梅时间的确定：最后一个雨期结束日的次日即为出梅日。

⑦梅雨期的确定：梅雨期内可以出现有一个以上的雨期，梅雨期长度为入梅日到出梅日前一天的日数。

(2)梅雨期的其他条件

①梅雨一般发生在南海夏季风暴发之后，7月中旬之后不再有新的梅雨期开端日，梅雨期结束日出现在立秋之前。

②西北太平洋副热带高压脊线位置条件：梅雨期内，西北太平洋副热带高压脊线5天滑动的位置有1候超过北界位置2个纬度，且没有继续出现雨日，监测区域出现高温干热天气，该区域梅雨期则结束(副高脊线南北界位置见表A.1)。

表A.1 梅雨期西北太平洋副热带高压脊线活动范围

区域选择	南界(°N)	北界(°N)	备 注
浙江/江西	≥18	<25	江南区同(Ⅰ)
湖南/上海/湖北 安徽南部/江苏长江以南	≥19	<26	长江中游/下游区同($Ⅱ_a$和$Ⅱ_b$)
安徽北部/江苏长江以北	≥20	<27	江淮区同(Ⅲ)

③区域梅雨在入梅条件中需要考虑梅雨发生在高温高湿的环境中，日平均气温≥22℃。

(3)特殊梅雨期

如依据监测指标无法确定该年度梅雨期，但在梅雨气候态时段内若满足以下条件：有明显的连续降水天气出现、有1次以上(含1次)区域性暴雨过程、雨期条件(开端日、结束日、雨日等)接近梅雨期客观规定要求，则可认为该年份为非空梅年。

(4)梅雨期的确定

江南区(Ⅰ)、长江中游区($Ⅱ_a$)和长江下游区($Ⅱ_b$)、江淮区(Ⅲ)等气候分区内的梅雨期，其监测区域的入梅日、出梅日为该气候区梅雨期的开始(结束)日。长江区(Ⅱ)则按照长江中游区($Ⅱ_a$)和长江下游区($Ⅱ_b$)两个区域中较早(晚)的入(出)梅日为该区梅雨期的开始(结束)日。入梅日至出梅日前一天的日数即为该气候分区的梅雨期长度。

梅雨其他参数的气候统计主要基于梅雨气候区的总体特征。平均梅雨期为各梅雨气候区域梅雨期长度的平均值。由多段雨期累计构成(不包括雨期间断)的时间长度称之为梅雨降水集中期。我国不同区域梅雨的开始和结束在时间和空间上存在很大差异，将4个气候分区中梅雨期最早开始的入梅日期作为中国梅雨季节的入梅日，以其中最晚的出梅日期作为中国梅雨季节的出梅日。入梅日至出梅日前一天的日数即为中国梅雨季节的长度。梅雨季节内梅雨区域累计平均降水量为梅雨季节平均降水量。

(5)梅雨强度的确定

梅雨期区域平均降水量,即区域内所有梅雨监测站的梅雨期总降水量的平均值为该区域梅雨雨强。其计算公式为:

$$P_i = \frac{1}{N}\sum_{j=1}^{N} P_{ij}$$

式中,P_i 为第 i 区域梅雨期的雨强;P_{ij} 为第 i 区域第 j 站的梅雨期总降水量;N 为第 i 区域总站数。

区域梅雨强度指数(M_i)计算公式:

$$M_i = \frac{L}{L_0} + \frac{\frac{(R/L)}{(R/L)_0}}{2} + \frac{R}{R_0} - 2.50$$

式中,M_i 为第 i 区域梅雨强度指数;L 为某一年梅雨期的长度(日数);L_0 为历年梅雨期的平均长度(日数);R 为某一年梅雨期监测站总降水量;R_0 为历年梅雨期监测站总降水量的平均值;(R/L) 为梅雨期平均日降水强度;$(R/L)_0$ 为历年梅雨期平均日降水强度的平均值。梅雨强度指数的等级划分见表 A.2。

表 A.2 梅雨强度指数的等级划分

等级	强	偏强	正常	偏弱	弱
M_i 界值	$M_i \geq 1.25$	$1.25 > M_i \geq 0.375$	$0.375 > M_i > -0.375$	$-0.375 \geq M_i > -1.25$	$-1.25 \geq M_i$

以各气候分区中各梅雨雨强的平均值为中国梅雨雨强,以各气候分区中各梅雨强度指数的平均值为中国梅雨强度指数。

A2.17 华北雨季监测指标

(1)华北雨季开始时间

确定华北雨季开始时间的主要依据是区域内监测站(图 A.4)的降水状况和西北太平洋副热带高压脊线位置条件,具体方法如下:

考虑到季风雨带自南向北推进的特点,监测业务中当确认梅雨结束以后。

①若某日华北区域平均降雨量超过华北区域湿季的气候平均日降雨量(即 3.0 mm),以保证雨季开始前后雨量有明显的变化;

②同时该日华北区域有超过 20%的站点出现≥17.0 mm(中到大雨级别降水)的降水,以保证雨季开始具有一定的区域性强降水;

③另外,110°~130°E 平均副高脊线连续 5 天以上稳定维持在 25°N 以北,以保证雨季开始是夏季风推进至华北的结果。

当某日上述条件满足时则判定该日为华北雨季开始日期。

(2)华北雨季结束时间

确定华北雨季结束时间的主要依据是区域内监测站的降水条件,具体方法如下:

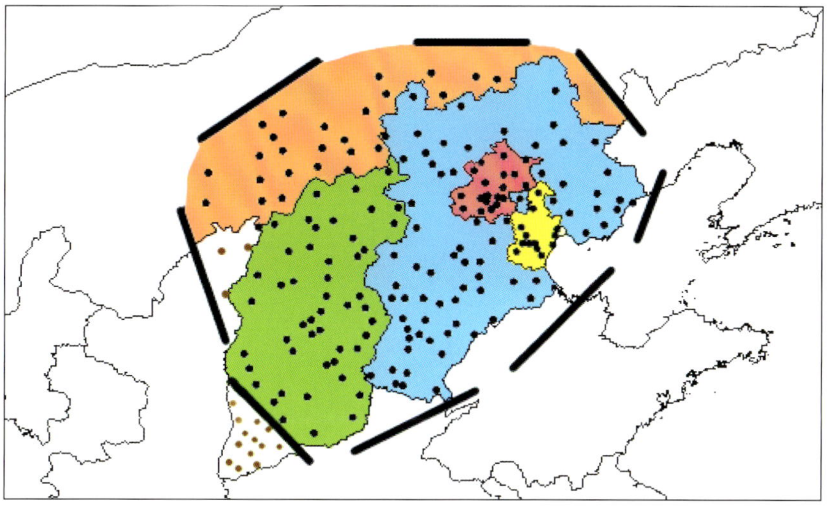

图 A.4 华北雨季监测区域及站点分布示意图

自雨季开始后，若某日降水满足①和②两个条件，但该日之后15天内没有满足条件的雨日，则定义该日的次日为雨季结束日期。

(3)华北雨季长度

华北雨季开始日期至结束日期的总天数为华北雨季长度。

(4)空汛

华北雨季长度不足10天的年份为空汛年。

(5)华北雨季总降水量

华北雨季开始日期至结束日期时段内，监测站的累计平均降水量为华北雨季总降水量。

A2.18 华西秋雨监测指标

(1)华西秋雨开始时间

确定华西秋雨开始时间的主要依据是区域内监测站(见图A.5)的降水状况，具体指标如下：

①8月下旬起，监测区域内超过40%的监测站日降水量≥0.1 mm，则称为一个秋雨日；

②若连续出现5个秋雨日，则秋雨开始，并将第一个秋雨日定为华西秋雨开始时间。此时华西地区进入多雨期。

(2)华西秋雨结束时间

秋雨开始后，若连续5日达不到秋雨日标准，则多雨期结束，进入间歇期。若之后再无多雨期出现，则华西秋雨结束，并将最后一个多雨期的结束时间定为秋雨结束时间。秋雨期内可以有一个或多个多雨期。

(3) 华西秋雨期

华西秋雨开始时间至结束时间之间的日期为华西秋雨期。华西秋雨期间降水日数的和为华西秋雨日数。

(4) 华西秋雨量

华西秋雨期间站点平均降水量的累积值为华西秋雨量。

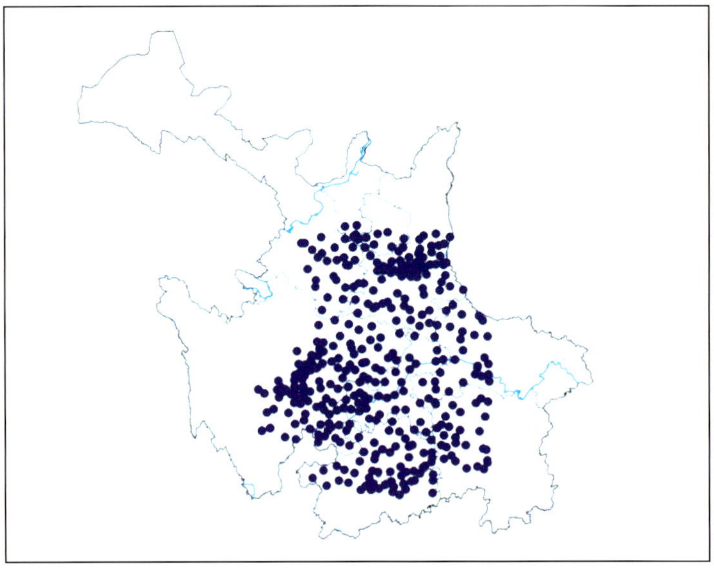

图 A.5　华西秋雨监测区域及站点分布示意图

A2.19　冷空气过程监测指标

(1)单站冷空气监测

依据单站降温幅度确定该站的冷空气等级，具体方法如下：

①24 h 内降温幅度：某日 06 时以后 24 小时内的气温与某日气温之差。

②48 h 内降温幅度：某日 06 时以后 48 小时内的气温与某日气温之差。

③72 h 内降温幅度：某日 06 时以后 72 小时内的气温与某日气温之差。

④中等强度冷空气：使某地的气温 48 h 内降温幅度≥6℃，但<8℃的冷空气。

⑤较强冷空气：使某地的气温 48 h 内降温幅度≥8℃，但未能使该地日最低气温下降到 8℃或以下的冷空气。

⑥强冷空气：使某地的气温 48 h 内降温幅度≥8℃，而且使该地日最低气温下降到 8℃或以下的冷空气。

⑦寒潮：使某地的气温 24 h 内降温幅度≥8℃，或 48 h 内降温幅度≥10℃，或 72 h 内降温幅度≥12℃，而且使该地日最低气温下降到 4℃以下的冷空气(48 h、72 h 内的气温必须是连续下降的)。

(2)冷空气过程判定

主要依据降温幅度大小，降温区域范围和降温持续时间来判定一次冷空气活动是否算作一次冷空气过程，具体方法如下：

①单日全国(全区)范围内≥8%的气象站出现中等及其以上强度的冷空气；

②一次冷空气过程至少持续 2 天；

③一次冷空气过程中，全国(全区)范围内≥15%的气象站出现中等及其以上强度的冷空气；

④一次冷空气过程中，若逐日 24 h 降温幅度达 6℃的站点在减少后出现增加，则判定出现增加的前一日过程结束。

同时满足以上 4 个条件，则判定出现了一次冷空气过程。

(3)冷空气过程开始时间

满足冷空气过程判定条件的首日为冷空气过程开始日。

(4)冷空气过程结束时间

冷空气过程开始后，将不满足冷空气过程判定标准的首日作为冷空气过程结束日；或依据冷空气过程判定条件④判定，24 h 降温幅度达 6℃的站点在减少后出现增加的首日为冷空气过程结束日。

(5)冷空气过程强度等级

全国型(全区型)寒潮：在一次冷空气过程中，全国(全区)范围内≥35%的气象站出现寒潮，且南、北方各有≥20%的气象站出现寒潮。

区域型寒潮：在该冷空气过程中，全国(全区)范围内≥15%的气象站出现寒潮。

全国型(全区型)强冷空气：在该冷空气过程中，全国(全区)范围内≥35%的气象站出现强及其以上等级冷空气，且南、北方各有≥20%的气象站出现强及其以上等级冷空气。

区域型强冷空气：在该冷空气过程中，全国(全区)范围内≥15%的气象站出现强及其以上等级冷空气。

全国型(全区型)较强冷空气：在该冷空气过程中，全国(全区)范围内≥35%的气象站出现较强及其以上等级冷空气，且南、北方各有≥15%的气象站出现较强及其以上等级冷空气。

区域型较强冷空气：若一次冷空气过程未达到全国型标准，在该冷空气过程中，全国(全区)范围内≥20%的气象站出现较强及其以上等级冷空气。

全国型(全区型)中等强度冷空气：在该冷空气过程中，全国(全区)范围内≥35%的气象站出现中等及其以上等级冷空气，且南、北方各有≥20%的气象站出现中等及其以上等级冷空气。

区域型中等强度冷空气：未达到上述标准的冷空气过程。

参考文献

曹西，陈光华，黄荣辉，等. 2013. 夏季西北太平洋热带辐合带的强度变化特征及其对热带气旋的影响. 热带气象学报，**29**：198-206.

李威，王启祎，王小玲. 2007. 北半球阻塞高压实时监测诊断业务系统. 气象，**33**(4)：77-81.

柳艳菊，丁一汇. 2007. 亚洲夏季风暴发的基本气候特征分析. 气象学报，**65**：511-526.

张庆云，陶诗言，陈烈庭. 2003. 东亚夏季风指数的年际变化与东亚大气环流. 气象学报，**64**(4)：559-568.

朱艳峰. 2005. 近 55 年南海夏季风暴发时间的确定及对 2005 年南海夏季风暴发早晚的预测. 气候预测评论，**11**：62-68.

朱艳峰. 2008. 一个适用于描述中国大陆冬季气温变化的东亚冬季风指数. 气象学报，**66**：781-788.

Lejenas H，Okland H. 1983. Characteristics of Northern Hemisphere blocking as determined from a long time series of observational data. *Tellus*，**35A**：350-362.

Reynolds R W，Rayner N，Smith T M，*et al*. 2002. An Improved In Situ and Satellite SST Analysis for Climate. *J. Climate*，**15**：1609-1625.

Tibaldi S，Molteni F. 1990. On the operational predictability of blocking. *Tellus*，**42A**：343-365.

附录 B　东亚季风系统及其气候特征

B1　东亚季风区

东亚季风区中，南海—西太平洋为热带季风区，冬季盛行东北季风，夏季盛行西南季风。东亚大陆—日本为副热带季风区，冬季 30°N 以北盛行西北季风，以南盛行东北季风；夏季盛行西南季风或东南季风。

B2　东亚夏季风环流系统成员

东亚夏季风环流系统成员主要包括：①低空成员：马斯克林高压、澳大利亚高压、索马里越赤道气流、季风槽（南海—西北太平洋 ITCZ）、西太平洋副热带高压。②高空成员：南亚高压（西藏高压）、热带东风急流（图 B.1）。

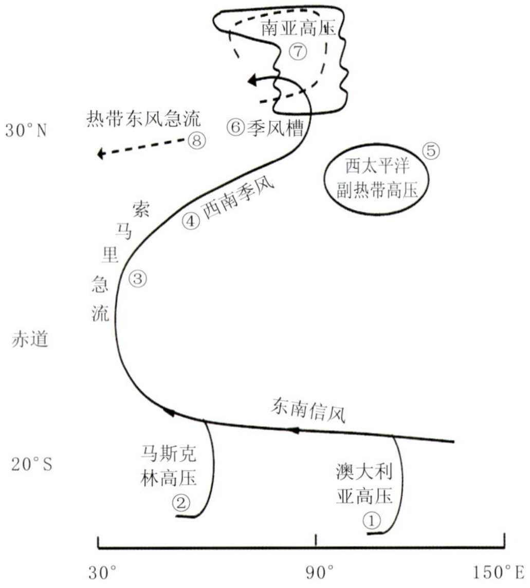

图 B.1　东亚夏季风环流系统成员示意图

B3　东亚冬季风环流系统成员

东亚冬季风环流系统成员主要包括：①低空成员：西伯利亚高压、东亚向南的越赤道气流、印尼—北澳热带辐合带（ITCZ）。②高空成员：西太平洋高压、向北越赤道气流（图 B.2）。

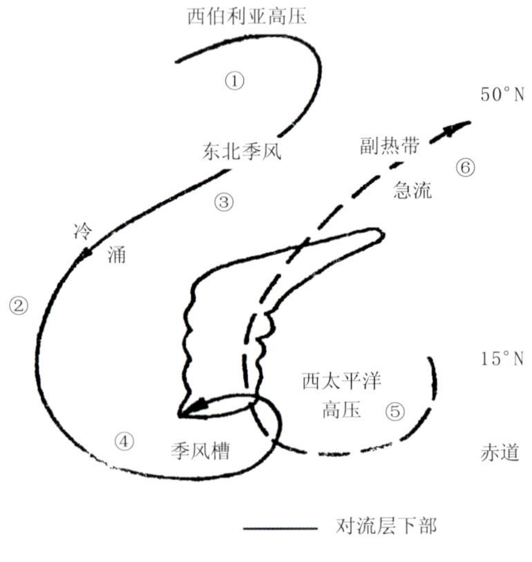

图 B.2　东亚冬季风环流系统成员示意图

B4 东亚季风环流系统气候特征

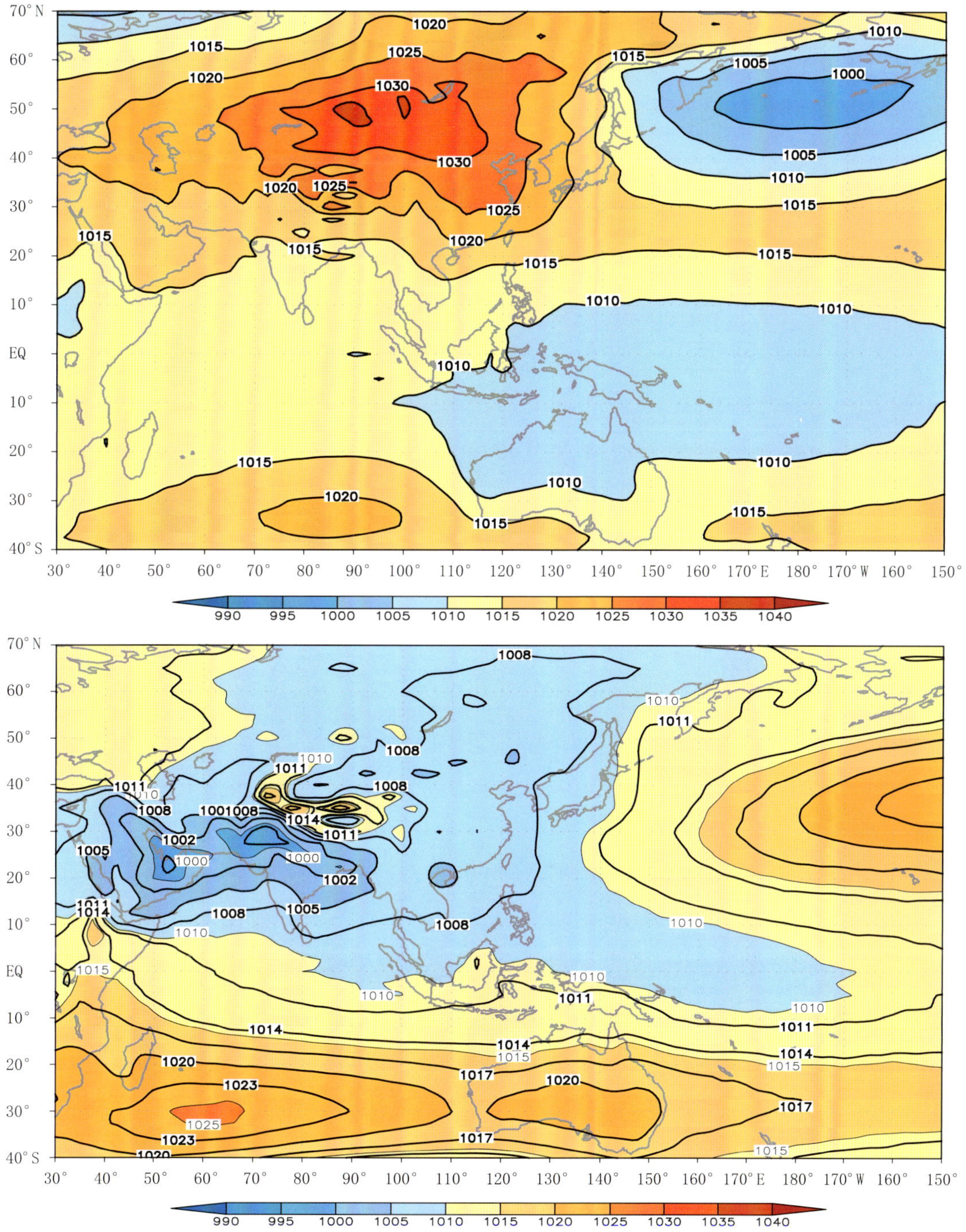

图 B.3 1981—2010 年平均冬季(上)及夏季(下)海平面气压场分布图(单位:hPa)

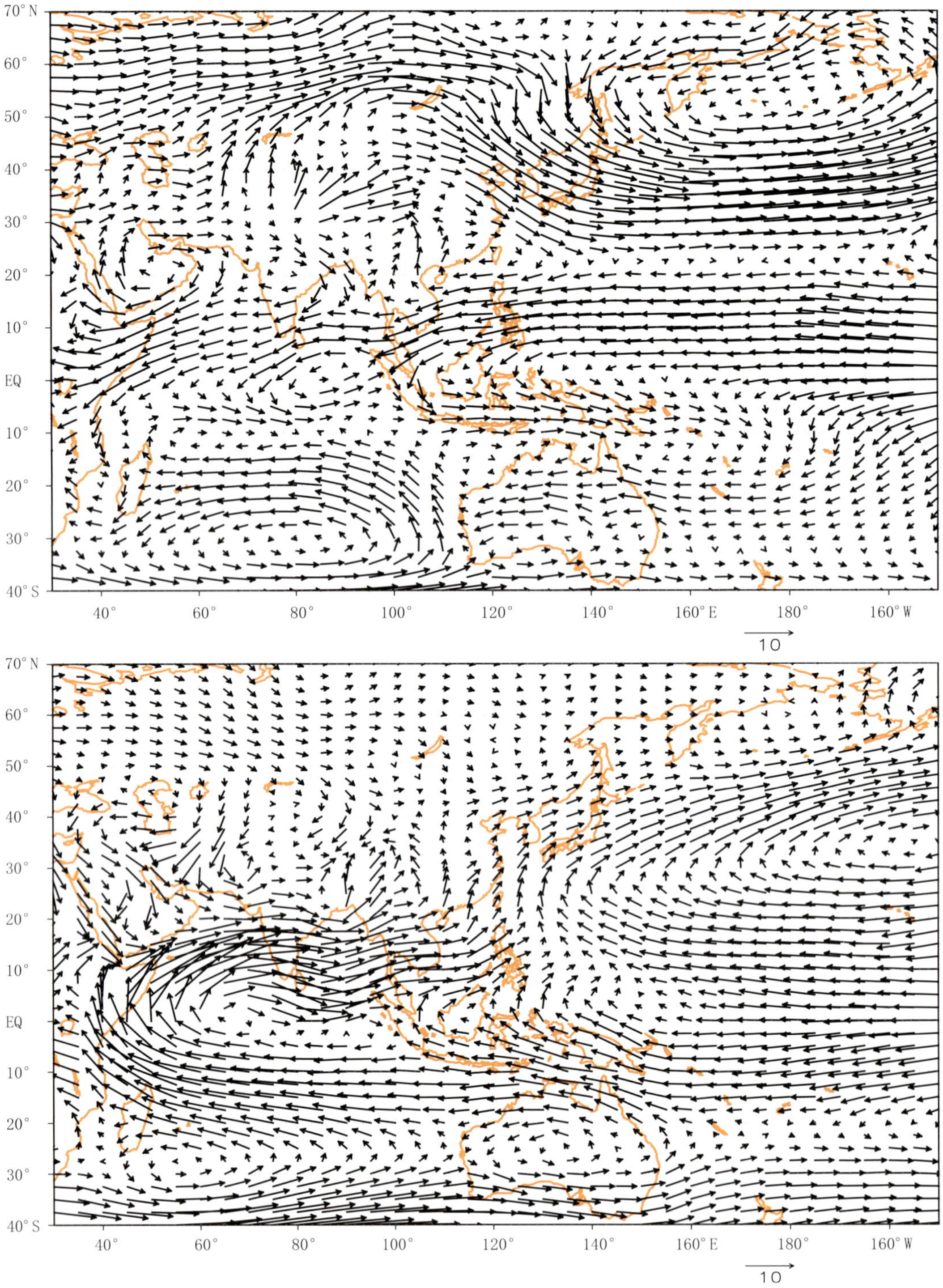

图 B.4　1981—2010 年平均冬季(上)及夏季(下)850 hPa 风场分布图(单位:m/s)

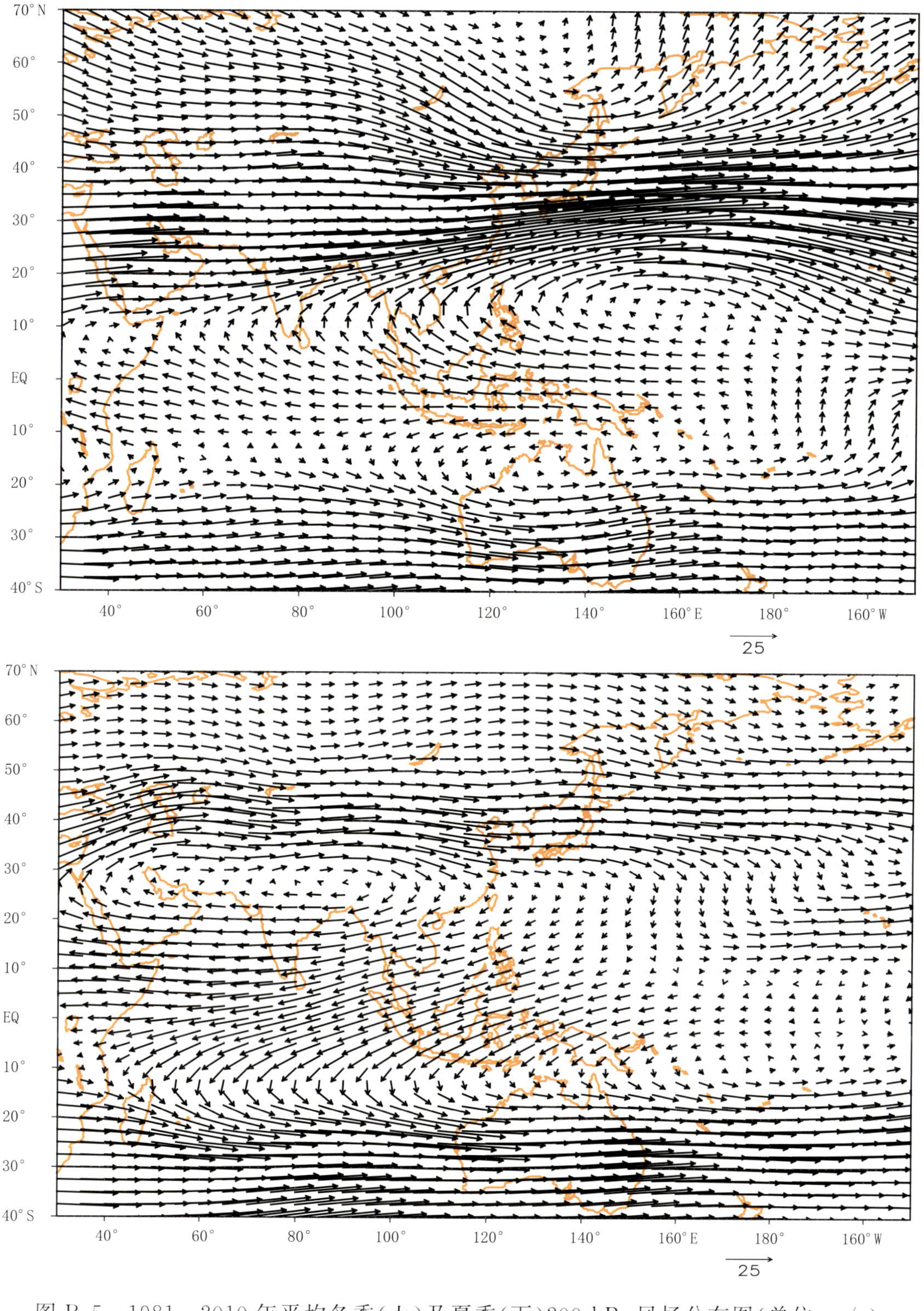

图 B.5　1981—2010 年平均冬季(上)及夏季(下)200 hPa 风场分布图(单位:m/s)

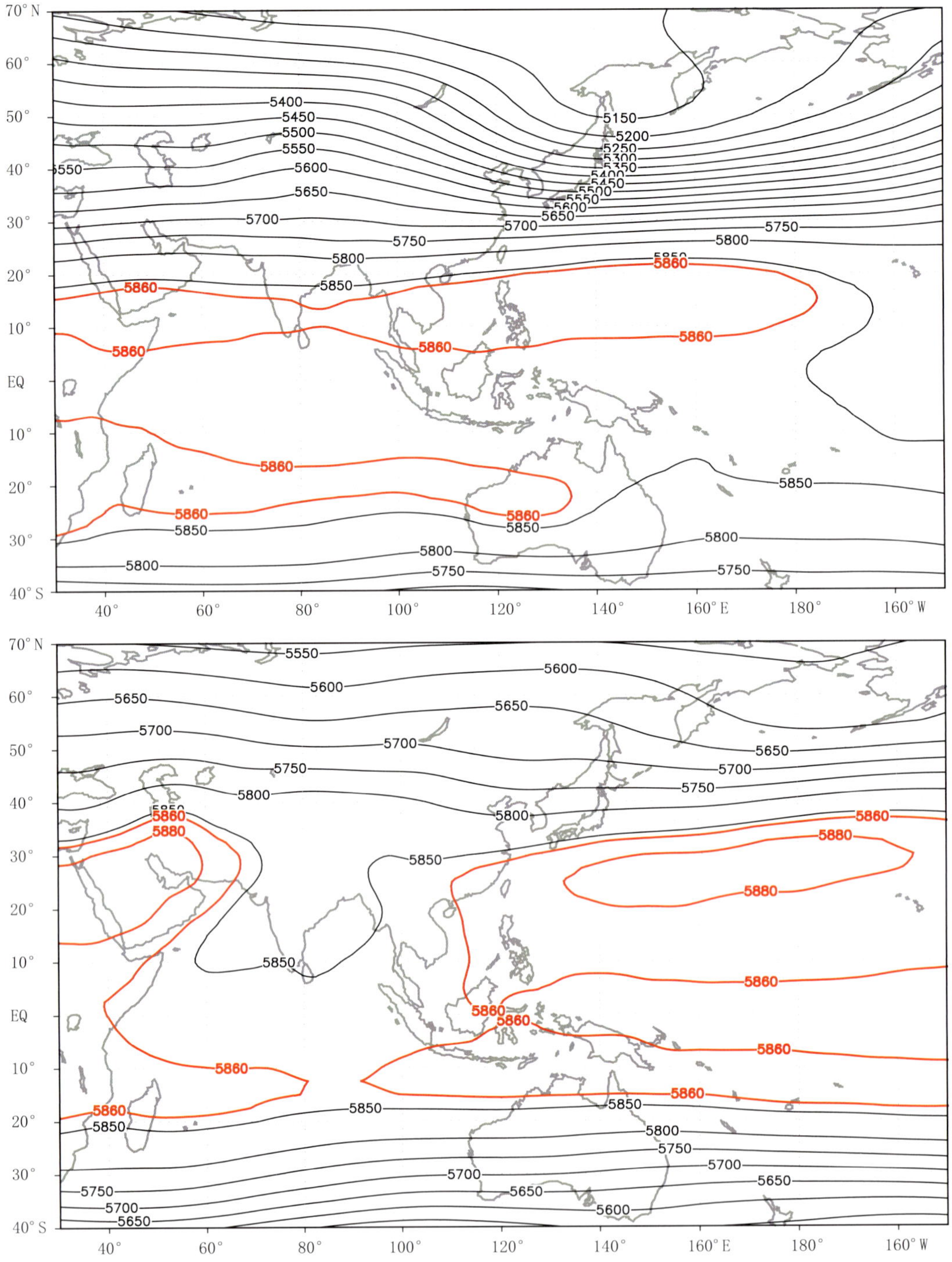

图 B.6 1981—2010 年平均冬季(上)及夏季(下)500 hPa 高度场分布图(单位:gpm)
(5860 gpm 和 5880 gpm 红色等值线,近似代表副热带高压主体位置)

附录 C 2012 年全球海温及海冰分布

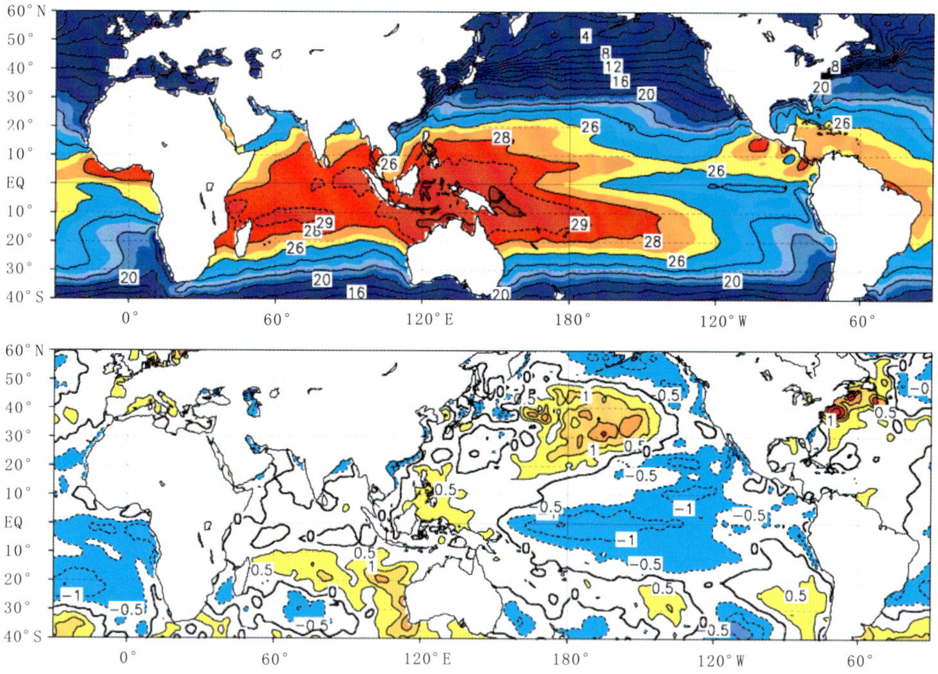

图 C.1 2011/2012 年冬季全球海温(上)及距平(下)分布图(单位:℃)

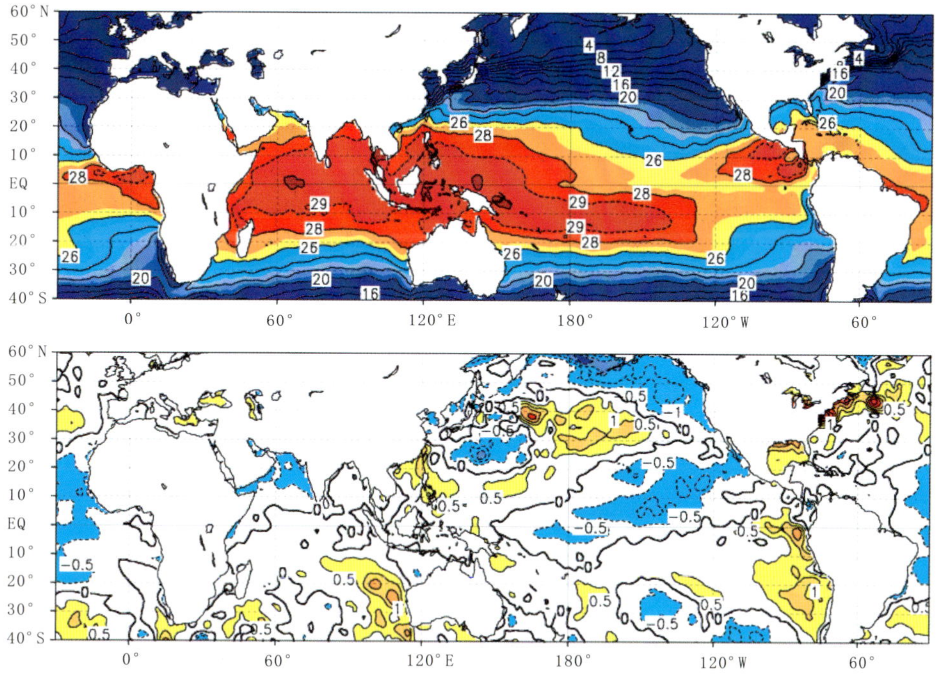

图 C.2 2012 年春季全球海温(上)及距平(下)分布图(单位:℃)

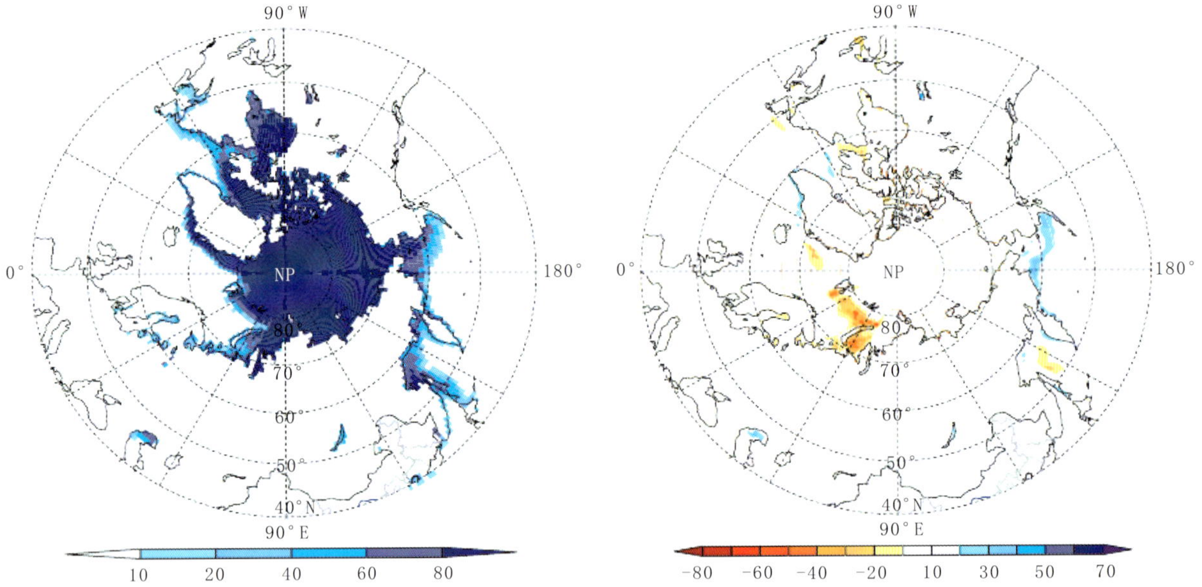

图 C.3　2011/2012 年冬季北半球海冰密集度(左)及距平(右)分布图(单位:%)

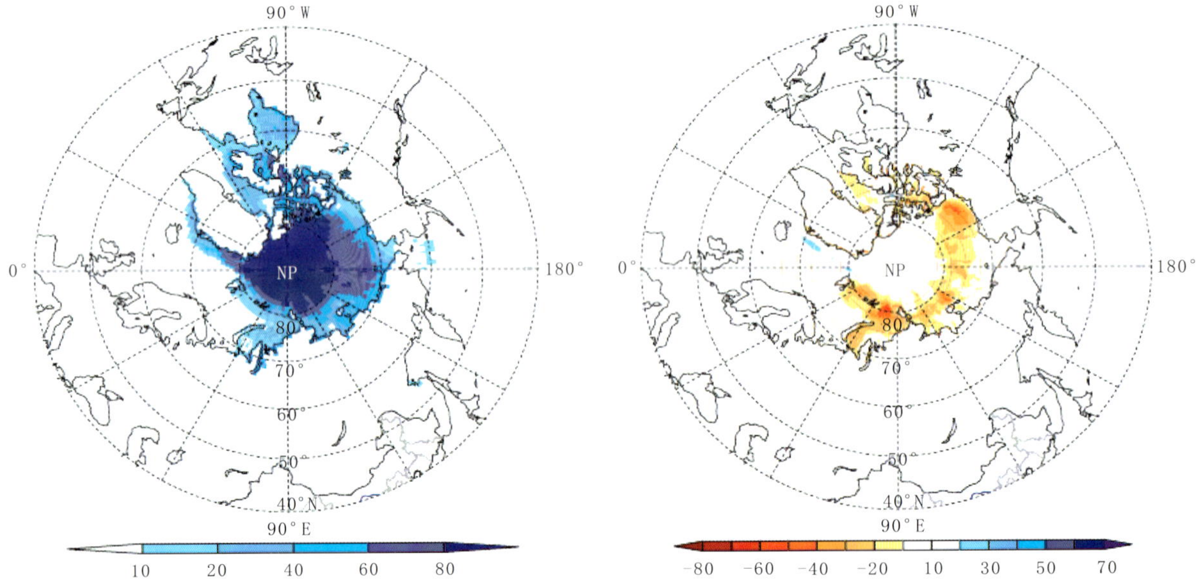

图 C.4　2012 年夏季北半球海冰密集度(左)及距平(右)分布图(单位:%)

附录 D 2012 年北半球积雪状况

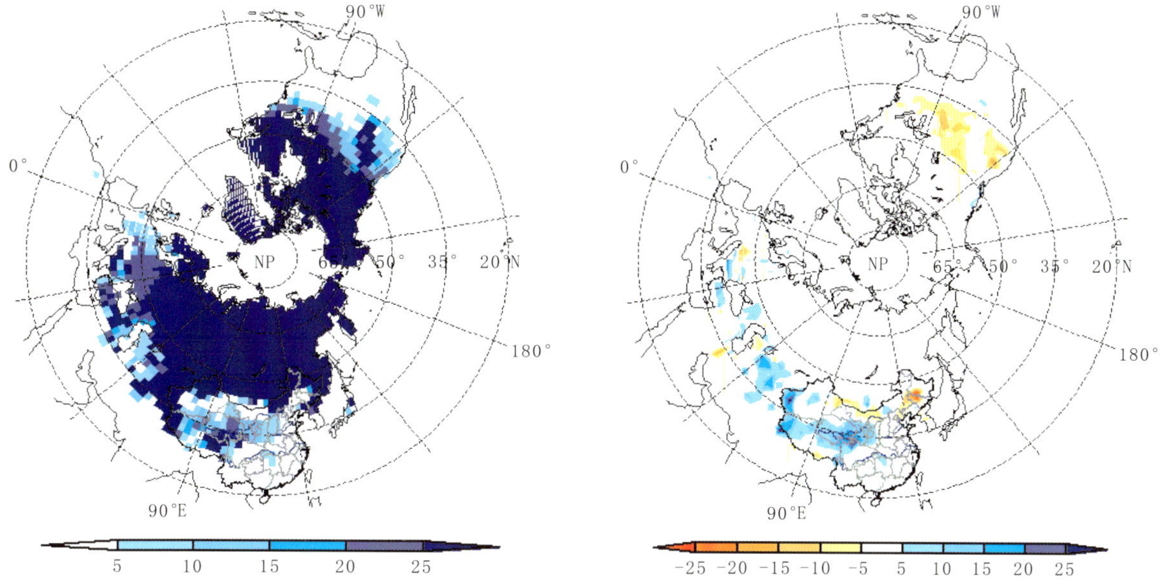

图 D.1 2012 年 1 月北半球积雪日数(左)及距平(右)分布图(单位:天)

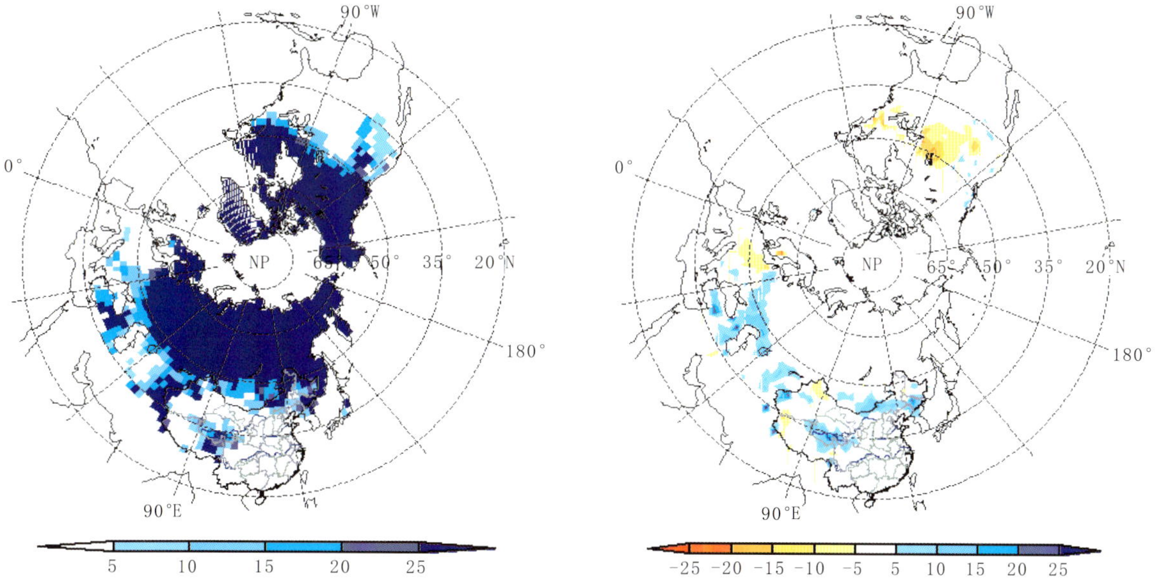

图 D.2 2012 年 3 月北半球积雪日数(左)及距平(右)分布图(单位:天)

附录 E 2011/2012 年东亚冬季风季节预测联合会商预测回顾

东亚冬季风季节预测联合会商开始于 1998 年，由中国气象局、韩国气象局、日本气象厅轮流主办，2009 年蒙古气象水文和环境监测厅加入该会商，参与冬季风趋势预测会商及会商会的承办。该联合会商主要目的在于加强东亚各个国家对东亚冬季风的科学认识和先进的预测技术交流，促进对东亚冬季风的理解，并对每年东亚冬季风的趋势进行会商讨论。2011/2012 年东亚冬季风季节预测联合会商在日本东京举行。

2011/2012 年东亚冬季风预测的综合意见为：

(1)秋季开始的拉尼娜事件在冬季将持续，强度为弱到中等。

(2)东亚冬季风在东亚北部正常或偏弱，在东亚的中部和西部正常或偏强。但应考虑到由于大气内部变率的可预报性限制，预测存在一定的不确定性。

(3)年代际的暖趋势可能减弱年际的冷趋势。

各国的预测意见分别为：

中国：除东北和西南地区外，大部分地区气温偏低，年代际的暖趋势可能减弱年际的冷趋势；降水整体偏少，内蒙古大部、东北大部、西南的部分地区和长江下游降水偏多。

韩国：气温正常或偏高；降水偏多。

日本：气温北部正常偏高，东部和西部正常，冲绳正常偏低；降水靠近太平洋的北部地区偏多，冲绳正常偏少，其余地区正常。

蒙古：气温西部正常或偏低，其余地区偏高；降水西南部和东南部正常，其余地区偏多。

附录 F 2012 年亚洲区域气候监测、预测和评估论坛

亚洲区域气候监测、预测和评估论坛(FOCRAII)自 2005 年开始每年 4 月在北京组织召开。论坛由中国气象局和世界气象组织(WMO)共同主办,国家外国专家局与国家发展和改革委员会协办,国家气候中心承办。每年都有来自几十个国家和地区的近百位代表参加会议。

论坛充分体现了 WMO 区域气候中心的四项必备功能(长期预报业务/气候监测业务/资料服务/产品培训)。每年与会专家对当年的亚洲区域气候异常及其影响夏季东亚气候的主要系统进行深入分析和探讨,并对夏季亚洲区域气候趋势进行了预测会商,形成当年夏季亚洲区域降水、温度分布趋势的综合预测意见,上报 WMO 有关机构。

在中国气象局领导和 WMO 的大力支持下,国家气候中心(BCC)已经连续十届成功举办了亚洲区域气候论坛,该论坛目前在国际上已经享有较高的声誉,对促进亚洲地区气候业务、服务和科研起到了积极作用。论坛不仅对提高亚洲地区季节预测水平,加强地区间的科研和业务合作做出了重要贡献,而且使得 BCC 在世界气候领域的地位有了进一步提升。为向二区协各国提供更加优质的气候服务,搭建了一个相互学习、共同交流季节预测技术的平台。

2012 年夏季会商综合意见,基于动力模式、解释应用等客观方法以及诊断分析得出以下预测结论:

预计印度夏季风接近正常,东亚夏季风偏强。降水偏多的地区主要位于东亚的北部和南部、南亚北部、中亚北部、东南亚东部。降水偏少主要在中国的中部、西北和东北地区(图 F.1)。除南亚南部和东南亚的部分地区气温偏低外,亚洲其余大部分地区气温接近常年或偏高(图 F.2)。

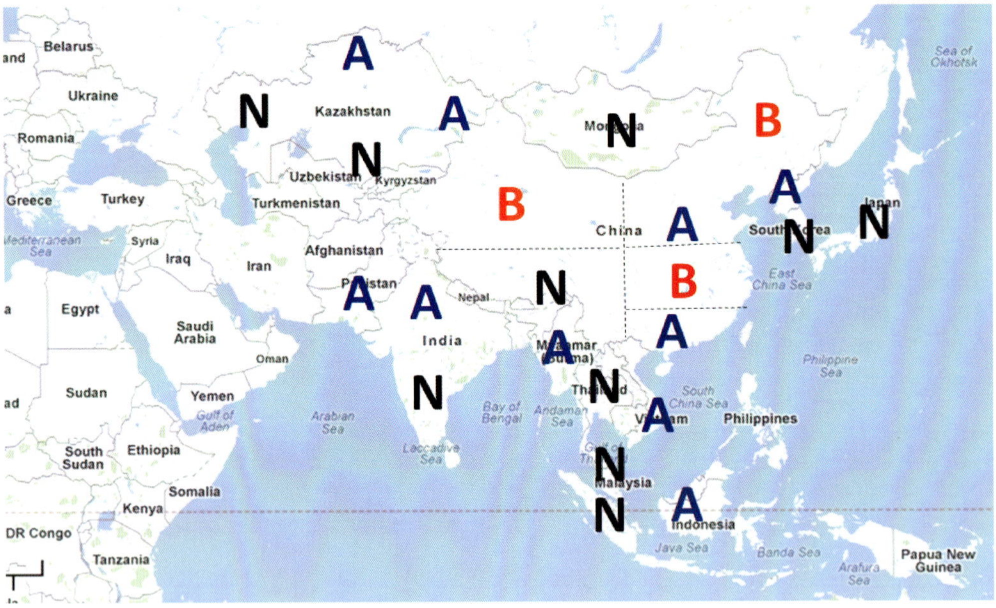

图 F.1　2012 年夏季降水预测图(A:偏多; N:接近正常; B:偏少)

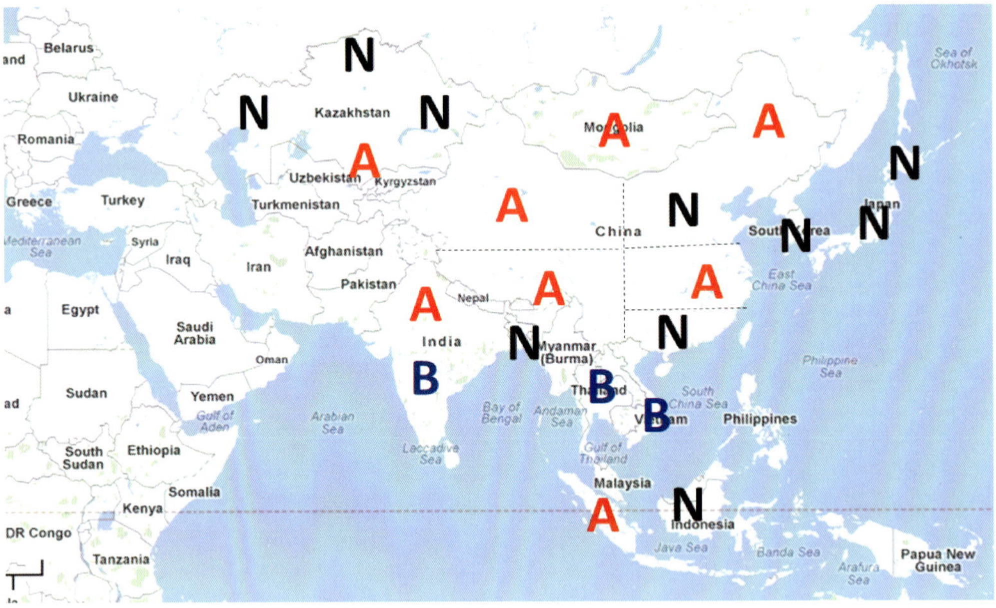

图 F.2　2012 年夏季气温预测图(A:偏高; N:接近正常; B:偏低)

附录 G　东亚冬季风指数

表 G.1　东亚冬季风指数历年信息表

年 份	东亚冬季风强度指数	西伯利亚高压强度指数
1951/1952	0.96	0.86
1952/1953	0.64	2.54
1953/1954	−0.31	0.23
1954/1955	2.46	3.70
1955/1956	1.13	1.00
1956/1957	2.03	4.04
1957/1958	0.12	0.32
1958/1959	−0.55	0.40
1959/1960	−0.85	1.13
1960/1961	0.76	1.45
1961/1962	0.20	1.28
1962/1963	−0.40	0.73
1963/1964	0.84	2.74
1964/1965	−0.64	1.23
1965/1966	−0.74	0.49
1966/1967	1.48	1.67
1967/1968	2.91	0.29
1968/1969	1.44	−0.34
1969/1970	1.18	−0.77
1970/1971	0.35	−1.61
1971/1972	0.09	−1.87
1972/1973	0.23	−2.54
1973/1974	0.71	−0.78
1974/1975	1.71	−0.67
1975/1976	0.09	−1.19
1976/1977	1.39	1.66
1977/1978	−0.57	−0.19
1978/1979	−2.50	−2.46

续表

年 份	东亚冬季风强度指数	西伯利亚高压强度指数
1979/1980	0.45	0.33
1980/1981	1.12	0.84
1981/1982	−0.41	−0.05
1982/1983	0.20	−0.20
1983/1984	2.66	1.81
1984/1985	1.05	0.63
1985/1986	0.67	1.33
1986/1987	−1.74	−0.88
1987/1988	0.10	0.22
1988/1989	0.09	−0.91
1989/1990	−1.28	−0.85
1990/1991	−0.18	−0.49
1991/1992	−1.03	−1.02
1992/1993	−0.73	−0.85
1993/1994	−0.52	−0.71
1994/1995	0.47	0.51
1995/1996	−0.13	1.33
1996/1997	−1.52	−1.75
1997/1998	−0.71	−0.84
1998/1999	−0.09	−0.34
1999/2000	0.62	1.14
2000/2001	0.16	−0.97
2001/2002	−0.83	0.04
2002/2003	−1.11	−0.29
2003/2004	−0.21	−0.59
2004/2005	1.83	1.46
2005/2006	0.87	1.94
2006/2007	−1.30	−1.38
2007/2008	1.36	1.49
2008/2009	0.05	−0.61
2009/2010	0.69	0.02
2010/2011	1.00	0.81
2011/2012	2.96	2.52

附录 H 东亚夏季风指数

表 H.1 东亚夏季风指数历年信息表

年份	南海夏季风			东亚副热带夏季风强度
	暴发候	结束候	强度	强度
1951	26	54	0.29	3.26
1952	29	54	0.93	2.85
1953	29	56	0.46	4.06
1954	31	55	−0.57	4.18
1955	29	53	−1.80	3.79
1956	31	54	−0.70	3.62
1957	27	54	0.34	5.21
1958	29	54	0.25	4.81
1959	30	53	−0.44	4.70
1960	30	54	0.02	7.46
1961	28	56	2.00	7.33
1962	28	51	0.03	5.02
1963	31	53	0.50	6.87
1964	28	54	−0.29	4.54
1965	29	55	0.52	1.67
1966	25	54	−0.14	2.82
1967	29	55	1.35	0.98
1968	29	56	0.34	0.59
1969	28	56	−0.37	1.35
1970	32	54	−0.64	1.36
1971	31	52	−0.82	0.94
1972	26	53	1.18	2.01
1973	32	51	−0.69	1.82
1974	30	52	0.22	0.58
1975	29	55	−0.48	2.33
1976	28	55	0.78	0.75
1977	28	54	0.49	0.08

续表

年份	南海夏季风			东亚副热带夏季风强度
	暴发候	结束候	强度	强度
1978	29	58	0.77	−0.04
1979	27	55	−0.06	−1.05
1980	28	53	−0.80	−1.42
1981	30	56	0.15	0.89
1982	31	54	0.83	−0.08
1983	29	55	−1.44	−0.79
1984	28	50	0.00	0.02
1985	30	53	0.93	0.08
1986	27	53	0.84	−1.41
1987	32	52	−0.49	−0.53
1988	29	57	−1.18	0.70
1989	32	53	−0.50	−0.07
1990	28	53	1.04	−0.23
1991	32	55	0.65	−2.09
1992	28	54	−0.22	−0.63
1993	30	57	−0.47	−0.24
1994	25	54	1.09	−0.17
1995	27	54	−1.43	−0.51
1996	26	55	−1.26	−0.85
1997	28	55	0.60	−1.03
1998	28	53	−1.94	1.07
1999	30	54	0.63	−0.08
2000	27	52	0.40	−0.05
2001	26	55	1.05	−2.04
2002	27	53	1.59	−0.99
2003	29	52	−0.12	0.06
2004	28	52	0.55	−2.02
2005	30	54	0.27	−0.25
2006	28	56	0.66	0.69
2007	29	57	−0.36	−1.82
2008	25	56	−0.47	0.13
2009	30	57	1.12	0.33
2010	29	59	−2.53	0.92
2011	26	57	−1.08	−0.10
2012	28	56	−0.47	1.20

附录 I 中国雨季历年信息表

表 I.1 华南前汛期历年信息表

年份	开始时间	结束时间	总雨量(mm)
1961	4 月 6 日	7 月 4 日	733.18
1962	4 月 17 日	7 月 3 日	747.35
1963	6 月 1 日	7 月 5 日	302.34
1964	4 月 4 日	7 月 5 日	682.47
1965	4 月 6 日	6 月 30 日	758.82
1966	4 月 4 日	7 月 28 日	971.80
1967	4 月 1 日	7 月 15 日	651.39
1968	3 月 25 日	7 月 11 日	959.58
1969	4 月 14 日	6 月 28 日	542.36
1970	4 月 12 日	7 月 2 日	651.57
1971	4 月 27 日	6 月 30 日	572.98
1972	4 月 22 日	6 月 29 日	618.38
1973	4 月 2 日	6 月 14 日	782.64
1974	4 月 8 日	7 月 5 日	693.16
1975	3 月 7 日	7 月 1 日	909.58
1976	4 月 13 日	6 月 20 日	543.34
1977	5 月 9 日	6 月 28 日	514.42
1978	4 月 10 日	6 月 29 日	712.44
1979	4 月 2 日	7 月 8 日	756.01
1980	4 月 9 日	6 月 30 日	646.88
1981	3 月 27 日	7 月 9 日	839.04
1982	4 月 2 日	7 月 8 日	744.07
1983	3 月 1 日	7 月 4 日	928.69
1984	4 月 3 日	6 月 28 日	729.89
1985	3 月 28 日	7 月 10 日	636.88
1986	4 月 17 日	6 月 27 日	613.12
1987	3 月 16 日	7 月 2 日	802.25
1988	4 月 12 日	7 月 1 日	513.51
1989	4 月 4 日	7 月 3 日	675.52
1990	3 月 27 日	7 月 4 日	732.75
1991	5 月 1 日	6 月 28 日	428.78
1992	3 月 26 日	7 月 15 日	967.32

续表

年份	开始时间	结束时间	总雨量(mm)
1993	4 月 18 日	7 月 15 日	877.80
1994	4 月 24 日	6 月 28 日	641.38
1995	4 月 19 日	7 月 6 日	563.64
1996	3 月 28 日	7 月 1 日	683.06
1997	3 月 29 日	7 月 22 日	1047.94
1998	4 月 12 日	7 月 26 日	961.62
1999	4 月 19 日	6 月 25 日	516.20
2000	4 月 3 日	6 月 26 日	671.52
2001	4 月 4 日	6 月 15 日	654.86
2002	3 月 24 日	7 月 11 日	718.05
2003	4 月 13 日	6 月 29 日	568.68
2004	4 月 7 日	6 月 28 日	470.39
2005	4 月 25 日	7 月 2 日	773.03
2006	4 月 10 日	6 月 20 日	703.12
2007	4 月 17 日	7 月 6 日	653.05
2008	4 月 19 日	7 月 1 日	758.80
2009	3 月 6 日	7 月 7 日	771.89
2010	4 月 8 日	6 月 29 日	783.69
2011	5 月 3 日	7 月 1 日	470.64
2012	4 月 8 日	7 月 1 日	752.82

表 I.2 西南雨季历年信息表

年份	开始时间	结束时间	总雨量(mm)
1961	5 月 25 日	10 月 26 日	1015.3
1962	5 月 25 日	10 月 10 日	872.2
1963	6 月 8 日	10 月 30 日	866.0
1964	5 月 4 日	10 月 12 日	1001.9
1965	5 月 27 日	11 月 5 日	991.7
1966	5 月 24 日	10 月 21 日	1052.7
1967	6 月 1 日	10 月 21 日	837.3
1968	5 月 27 日	10 月 16 日	933.9
1969	6 月 5 日	10 月 15 日	812.0
1970	5 月 17 日	10 月 14 日	869.1
1971	5 月 27 日	10 月 12 日	903.9
1972	5 月 20 日	10 月 10 日	742.6
1973	5 月 15 日	10 月 5 日	916.5
1974	5 月 22 日	10 月 8 日	971.0
1975	5 月 27 日	10 月 14 日	828.3
1976	5 月 25 日	10 月 22 日	869.5

续表

年份	开始时间	结束时间	总雨量(mm)
1977	6 月 18 日	10 月 18 日	743.8
1978	5 月 13 日	10 月 15 日	914.1
1979	6 月 10 日	10 月 14 日	861.3
1980	5 月 22 日	10 月 27 日	915.5
1981	5 月 19 日	10 月 4 日	927.6
1982	6 月 6 日	10 月 17 日	783.9
1983	6 月 3 日	10 月 21 日	879.7
1984	5 月 19 日	10 月 2 日	897.5
1985	5 月 20 日	10 月 3 日	947.5
1986	6 月 10 日	10 月 17 日	834.5
1987	6 月 6 日	10 月 12 日	835.2
1988	5 月 30 日	10 月 11 日	835.4
1989	5 月 30 日	10 月 22 日	806.9
1990	5 月 15 日	10 月 15 日	958.5
1991	6 月 4 日	10 月 19 日	885.1
1992	5 月 23 日	10 月 27 日	800.5
1993	5 月 30 日	10 月 21 日	863.9
1994	6 月 2 日	10 月 14 日	792.6
1995	5 月 31 日	10 月 14 日	898.2
1996	5 月 27 日	10 月 12 日	790.8
1997	6 月 8 日	10 月 13 日	780.1
1998	5 月 24 日	10 月 5 日	909.0
1999	5 月 20 日	10 月 14 日	941.4
2000	5 月 28 日	10 月 15 日	832.3
2001	5 月 13 日	10 月 23 日	995.8
2002	5 月 11 日	10 月 10 日	840.6
2003	5 月 2 日	10 月 4 日	793.2
2004	5 月 17 日	10 月 11 日	817.7
2005	6 月 2 日	10 月 12 日	792.3
2006	5 月 13 日	10 月 17 日	765.9
2007	5 月 16 日	10 月 9 日	848.3
2008	5 月 14 日	10 月 12 日	863.0
2009	6 月 1 日	10 月 9 日	703.4
2010	5 月 30 日	10 月 22 日	842.0
2011	5 月 30 日	10 月 8 日	622.2
2012	5 月 29 日	10 月 11 日	812.0

表 I.3　江南梅雨(Ⅰ型)历年信息表

年份	梅雨开始—结束前日期（月-日—月-日）	入梅日（月-日）	出梅日（月-日）	梅雨雨量（mm）	集中期雨量（mm）	梅雨长度（d）	集中期长度（d）	梅雨强度
1951	6-23—6-28	6-23	6-29	124.8	124.8	6	6	—1.1
1952	6-13—6-22;7-05—7-25	6-13	7-26	356.5	353.6	43	31	0.0
1953	5-30—6-05;6-22—7-06	5-30	7-07	346.8	260.5	38	22	—0.5
1954	6-05—6-29;7-11—7-31	6-05	8-01	847.5	836.4	57	46	2.2
1955	6-14—6-23	6-14	6-24	345.4	345.4	10	10	0.1
1956	6-10—6-19	6-10	6-20	118.9	118.9	10	10	—1.4
1957	6-16—6-30	6-16	7-01	140.3	140.3	15	15	—1.2
1958	6-21—6-26	6-21	6-27	51.1	51.1	6	6	—1.8
1959	6-01—7-07	6-01	7-08	324.9	324.9	37	37	0.1
1960	6-07—6-24	6-07	6-25	193.8	193.8	18	18	—0.9
1961	5-30—6-15	5-30	6-16	232.4	232.4	16	16	—0.7
1962	6-11—7-03	6-11	7-04	380.2	380.2	23	23	0.0
1963	6-13—6-28	6-13	6-29	151.9	151.9	16	16	—1.1
1964	6-17—6-28	6-17	6-29	115.5	115.5	12	12	—1.4
1965	6-09—6-19	6-09	6-20	105.5	105.5	11	11	—1.4
1966	6-12—7-13	6-12	7-14	424.1	424.1	32	32	0.3
1967	6-15—6-24;7-05—7-10	6-15	7-11	325.4	312.1	26	16	0.0
1968	6-21—7-12	6-21	7-13	310.6	310.6	22	22	—0.3
1969	6-05—6-11;6-23—7-13	6-05	7-14	482.5	471.4	39	28	0.5
1970	6-05—6-11;6-18—7-20	6-05	7-21	493.5	492.3	46	40	0.8
1971	5-26—6-05;6-18—6-23	5-26	6-24	404.6	389.9	29	17	0.1
1972	5-29—6-06;6-12—7-02	5-29	7-03	218.9	215.9	35	30	—0.5

续表

年份	梅雨开始—结束前日期（月-日—月-日）	入梅日（月-日）	出梅日（月-日）	梅雨雨量（mm）	集中期雨量（mm）	梅雨长度（d）	集中期长度（d）	梅雨强度
1973	5-28—6-05;6-17—7-12	5-28	7-13	598.9	587.9	46	35	1.0
1974	6-10—6-20;6-25—7-20	6-10	7-21	418.1	414.4	41	37	0.4
1975	6-17—7-16	6-17	7-17	270.9	270.9	30	30	−0.3
1976	6-01—7-14	6-01	7-15	502.4	502.4	44	44	0.9
1977	6-08—7-01	6-08	7-02	337.1	337.1	24	24	−0.2
1978	6-09—6-23	6-09	6-24	140.3	140.3	15	15	−1.2
1979	6-19—7-02;7-17—7-23	6-19	7-24	252.6	225.3	35	21	−0.7
1980	6-06—6-23;7-02—7-19	6-06	7-20	298.6	285.8	44	36	−0.1
1981	[7-10—7-13]	7-10	7-14	36.3	36.3	4	4	−1.9
1982	6-11—6-22	6-11	6-23	224.1	224.1	12	12	−0.7
1983	6-09—7-18	6-09	7-19	537.1	537.1	40	40	1.0
1984	6-07—7-05	6-07	7-06	275.9	275.9	29	29	−0.3
1985	6-04—6-13;6-24—7-05	6-04	7-06	234.7	226.5	32	22	−0.7
1986	6-11—7-08	6-11	7-09	268.4	268.4	28	28	−0.4
1987	6-19—7-31	6-19	8-01	318.6	318.6	43	43	0.2
1988	6-11—6-22	6-11	6-23	277.5	277.5	12	12	−0.4
1989	6-04—7-04	6-04	7-05	444.8	444.8	31	31	0.4
1990	5-29—7-03	5-29	7-04	348.5	348.5	36	36	0.1
1991	6-05—6-21	6-05	6-22	137.5	137.5	17	17	−1.2
1992	6-13—7-13	6-13	7-14	442.0	442.0	31	31	0.4
1993	6-12—7-09	6-12	7-10	555.4	555.4	28	28	0.8
1994	6-08—6-23	6-08	6-24	461.6	461.6	16	16	0.5

续表

年份	梅雨开始—结束前日期（月-日—月-日）	入梅日（月-日）	出梅日（月-日）	梅雨雨量（mm）	集中期雨量（mm）	梅雨长度（d）	集中期长度（d）	梅雨强度
1995	5-25—7-06	5-25	7-07	725.7	725.7	43	43	1.7
1996	5-30—7-19	5-30	7-20	392.7	392.7	51	51	0.7
1997	6-20—7-14	6-20	7-15	400.5	400.5	25	25	0.1
1998	6-08—6-28;7-18—8-01	6-08	8-02	783.8	751.9	55	36	1.7
1999	6-07—7-30	6-07	7-31	579.9	579.9	54	54	1.5
2000	5-29—6-24	5-29	6-25	413.8	413.8	27	27	0.2
2001	6-02—6-27	6-02	6-28	302.4	302.4	26	26	−0.3
2002	6-10—7-08	6-10	7-09	309.1	309.1	29	29	−0.2
2003	6-24—6-29	6-24	6-30	211.7	211.7	6	6	−0.3
2004	6-15—6-27	6-15	6-28	107.0	107.0	13	13	−1.4
2005	[7-11—7-14]	7-11	7-15	41.7	41.7	4	4	−1.8
2006	5-31—6-07;6-23—6-28;7-05—7-17	5-31	7-18	384.0	294.3	48	27	−0.3
2007	6-10—6-29;7-10—7-17	6-10	7-18	220.6	215.2	38	28	−0.6
2008	6-07—6-30;7-07—7-13	6-07	7-14	377.9	374.1	37	31	0.1
2009	6-21—7-02	6-21	7-03	111.8	111.8	12	12	−1.4
2010	6-17—6-29;7-05—7-10	6-17	7-11	383.7	380.0	24	19	0.0
2011	6-03—6-21	6-03	6-22	464.0	464.0	19	19	0.4
2012	6-04—6-11;6-22—6-30	6-04	7-01	302.9	220.9	27	17	−0.8

注：[ ]表示空梅。

表 I.4 长江中游梅雨($Ⅱ_a$型)历年信息表

年份	梅雨开始—结束前日期（月-日—月-日）	入梅日（月-日）	出梅日（月-日）	梅雨雨量（mm）	集中期雨量（mm）	梅雨长度（d）	集中期长度（d）	梅雨强度
1951	6-22—6-27;7-05—7-21	6-22	7-22	353.4	353.4	30	23	0.2
1952	7-07—7-14	7-07	7-15	113.4	113.4	8	8	−1.2
1953	6-22—6-28	6-22	6-29	164.8	164.8	7	7	−0.7
1954	6-04—8-01	6-04	8-02	909.1	909.1	59	59	3.5
1955	6-06—6-29	6-06	6-30	327.9	327.9	24	24	0.1
1956	6-03—6-16;6-25—7-01	6-03	7-02	237.2	216.6	29	21	−0.5
1957	6-14—7-09	6-14	7-10	250.1	250.1	26	26	−0.2
1958	7-07—7-19	7-07	7-20	104.0	104.0	13	13	−1.3
1959	6-26—7-05	6-26	7-06	113.4	113.4	10	10	−1.2
1960	6-07—6-28;7-07—7-13	6-07	7-14	313.7	311.2	37	29	0.1
1961	6-07—6-15	6-07	6-16	134.5	134.5	9	9	−1.1
1962	6-16—7-09	6-16	7-10	243.2	243.2	24	24	−0.3
1963	6-22—7-20	6-22	7-21	164.4	164.4	29	29	−0.6
1964	6-16—7-03	6-16	7-04	306.6	306.6	18	18	0.0
1965	7-04—7-09	7-04	7-10	53.8	53.8	6	6	−1.7
1966	6-11—7-12	6-11	7-13	288.2	288.2	32	32	0.1
1967	6-15—7-05	6-15	7-06	228.0	228.0	21	21	−0.5
1968	6-21—7-20	6-21	7-21	219.7	219.7	30	30	−0.3
1969	6-23—7-20	6-23	7-21	629.4	629.4	28	28	1.7
1970	6-18—7-21	6-18	7-22	351.8	351.8	34	34	0.4
1971	5-30—6-26	5-30	6-27	245.0	245.0	28	28	−0.2
1972	6-20—7-01	6-20	7-02	111.2	111.2	12	12	−1.3

续表

年份	梅雨开始—结束前日期（月-日—月-日）	入梅日（月-日）	出梅日（月-日）	梅雨雨量（mm）	集中期雨量（mm）	梅雨长度（d）	集中期长度（d）	梅雨强度
1973	6-15—7-19	6-15	7-20	325.5	325.5	35	35	0.3
1974	6-16—7-20	6-16	7-21	320.5	320.5	35	35	0.3
1975	6-16—7-16	6-16	7-17	245.0	245.0	31	31	−0.1
1976	6-15—6-30;7-06—7-15	6-15	7-16	187.4	185.0	31	26	−0.6
1977	6-09—7-03;7-11—7-29	6-09	7-30	418.9	416.6	51	44	1.0
1978	6-09—6-26	6-09	6-27	124.0	124.0	18	18	−1.1
1979	6-18—7-02;7-16—7-22	6-18	7-23	355.5	310.6	35	22	0.0
1980	6-05—7-21	6-05	7-22	445.7	445.7	47	47	1.2
1981	6-22—7-02;7-09—7-16	6-22	7-17	266.9	266.3	25	19	−0.3
1982	7-10—7-24	7-10	7-25	161.5	161.5	15	15	−0.9
1983	6-09—7-17	6-09	7-18	573.7	573.7	39	39	1.6
1984	6-06—6-15;6-20—7-06	6-06	7-07	328.8	327.5	31	27	0.2
1985	6-21—7-07	6-21	7-08	106.6	106.6	17	17	−1.2
1986	6-20—7-06	6-20	7-07	239.2	239.2	17	17	−0.4
1987	7-01—7-08	7-01	7-09	150.8	150.8	8	8	−0.9
1988	6-10—6-22	6-10	6-23	163.8	163.8	13	13	−0.9
1989	6-03—7-13	6-03	7-14	313.0	313.0	41	41	0.5
1990	6-06—7-02	6-06	7-03	292.6	292.6	27	27	0.0
1991	6-02—6-19;7-01—7-14	6-02	7-15	550.3	541.1	43	32	1.3
1992	6-13—7-05;7-11—7-20	6-13	7-21	269.7	263.8	38	33	0.0
1993	6-11—6-22;6-28—7-08;7-18—8-03	6-11	8-04	428.8	417.2	54	40	0.9
1994	6-05—6-27	6-05	6-28	197.1	197.1	23	23	−0.6

续表

年份	梅雨开始—结束前日期（月-日—月-日）	入梅日（月-日）	出梅日（月-日）	梅雨雨量（mm）	集中期雨量（mm）	梅雨长度（d）	集中期长度（d）	梅雨强度
1995	6-19—7-07	6-19	7-08	286.6	286.6	19	19	−0.2
1996	5-31—7-21	5-31	7-22	761.2	761.2	52	52	2.7
1997	6-18—7-24	6-18	7-25	266.7	266.7	37	37	0.1
1998	6-07—7-04;7-17—8-03	6-07	8-04	666.3	655.4	58	46	2.1
1999	6-22—7-01;7-07—7-28	6-22	7-29	511.3	508.5	37	32	1.1
2000	5-29—6-10;6-21—7-07	5-29	7-08	210.4	207.8	40	30	−0.4
2001	6-02—6-22	6-02	6-23	149.1	149.1	21	21	−0.9
2002	6-18—7-07	6-18	7-08	183.0	183.0	20	20	−0.7
2003	6-20—6-29;7-05—7-11	6-20	7-12	332.5	327.6	22	17	0.1
2004	6-14—6-27;7-06—7-20	6-14	7-21	353.2	334.2	37	29	0.2
2005	7-10—7-25	7-10	7-26	116.8	116.8	16	16	−1.2
2006	6-22—7-17	6-22	7-18	175.3	175.3	26	26	−0.6
2007	6-19—7-02;7-09—7-16	6-19	7-17	233.9	220.2	28	22	−0.5
2008	6-08—6-24;7-06—7-13	6-08	7-14	287.9	255.5	36	25	−0.2
2009	6-17—7-01	6-17	7-02	167.7	167.7	15	15	−0.9
2010	7-04—7-25	7-04	7-26	350.1	350.1	22	22	0.2
2011	6-03—6-30	6-03	7-01	395.9	395.9	28	28	0.5
2012	6-25—7-01;7-11—7-19	6-25	7-20	259.2	256.0	25	16	−0.3

表 I.5　长江下游梅雨($Ⅱ_b$型)历年信息表

年份	梅雨开始—结束前日期（月-日—月-日）	入梅日（月-日）	出梅日（月-日）	梅雨雨量（mm）	集中期雨量（mm）	梅雨长度（d）	集中期长度（d）	梅雨强度
1951	6-22—6-27;7-06—7-22	6-22	7-23	349.2	348.9	31	23	0.6
1952	6-07—6-22;7-03—7-08	6-07	7-09	238.1	237.0	32	22	0.0
1953	5-30—6-11;6-19—6-29	5-30	6-30	293.8	289.4	31	24	0.3
1954	6-08—7-31	6-08	8-01	523.9	523.9	54	54	2.6
1955	6-27—7-08	6-27	7-09	175.2	175.2	12	12	−0.6
1956	6-04—7-19	6-04	7-20	380.0	380.0	46	46	1.6
1957	6-20—7-09	6-20	7-10	362.4	362.4	20	20	0.7
1958	[7-07—7-09]	7-07	7-10	18.8	18.8	3	3	−2.0
1959	6-28—7-07	6-28	7-08	67.0	67.0	10	10	−1.5
1960	6-07—6-26	6-07	6-27	204.5	204.5	20	20	−0.3
1961	6-01—6-14	6-01	6-15	181.7	181.7	14	14	−0.6
1962	7-02—7-07	7-02	7-08	88.9	88.9	6	6	−1.2
1963	6-22—6-28	6-22	6-29	148.5	148.5	7	7	−0.7
1964	6-24—6-28	6-24	6-29	128.5	128.5	5	5	−0.7
1965	7-01—7-07;7-15—7-23	7-01	7-24	95.4	93.5	23	16	−1.1
1966	6-24—7-12	6-24	7-13	196.8	196.8	19	19	−0.4
1967	6-24—7-05	6-24	7-06	148.7	148.7	12	12	−0.8
1968	6-23—7-11	6-23	7-12	131.8	131.8	19	19	−0.8
1969	6-28—7-20	6-28	7-21	238.2	238.2	23	23	0.0
1970	6-18—7-01;7-12—7-18	6-18	7-19	312.4	300.7	31	21	0.3
1971	5-31—6-23	5-31	6-24	230.9	230.9	24	24	0.0
1972	6-20—7-03	6-20	7-04	137.7	137.7	14	14	−0.9

续表

年份	梅雨开始—结束前日期（月-日—月-日）	入梅日（月-日）	出梅日（月-日）	梅雨雨量（mm）	集中期雨量（mm）	梅雨长度（d）	集中期长度（d）	梅雨强度
1973	6-16—6-29	6-16	6-30	198.4	198.4	14	14	−0.4
1974	6-10—6-20;7-09—7-20	6-10	7-21	322.7	250.2	41	23	0.1
1975	6-17—7-16	6-17	7-17	340.9	340.9	30	30	0.8
1976	6-16—6-24	6-16	6-25	76.9	76.9	9	9	−1.4
1977	6-28—7-22	6-28	7-23	158.7	158.7	25	25	−0.4
1978	[7-15—7-19]	7-15	7-20	40.0	40.0	5	5	−1.8
1979	6-19—7-25	6-19	7-26	259.2	259.2	37	37	0.6
1980	6-10—7-20	6-10	7-21	307.1	307.1	41	41	1.0
1981	6-24—7-01	6-24	7-02	141.2	141.2	8	8	−0.8
1982	6-16—6-22;7-09—7-25	6-16	7-26	301.8	284.9	40	24	0.3
1983	6-23—7-18	6-23	7-19	293.9	293.9	26	26	0.4
1984	6-27—7-06	6-27	7-07	68.6	68.6	10	10	−1.5
1985	6-22—7-05	6-22	7-06	177.0	177.0	14	14	−0.6
1986	6-12—7-12	6-12	7-13	322.1	322.1	31	31	0.7
1987	7-02—7-28	7-02	7-29	339.0	339.0	27	27	0.7
1988	6-17—6-22	6-17	6-23	70.4	70.4	6	6	−1.4
1989	6-10—6-18;7-01—7-15	6-10	7-16	227.3	201.5	36	24	−0.2
1990	6-19—7-03	6-19	7-04	96.9	96.9	15	15	−1.1
1991	6-03—6-20;6-30—7-15	6-03	7-16	567.6	567.2	43	34	2.1
1992	6-14—6-26	6-14	6-27	115.7	115.7	13	13	−1.0
1993	6-28—7-08;7-15—7-27	6-28	7-28	275.7	272.7	30	24	0.2
1994	6-08—6-28	6-08	6-29	223.2	223.2	21	21	−0.2

续表

年份	梅雨开始—结束前日期（月-日—月-日）	入梅日（月-日）	出梅日（月-日）	梅雨雨量（mm）	集中期雨量（mm）	梅雨长度（d）	集中期长度（d）	梅雨强度
1995	6-20—7-07	6-20	7-08	334.6	334.6	18	18	0.5
1996	6-23—7-21	6-23	7-22	382.6	382.6	29	29	1.0
1997	6-24—7-11	6-24	7-12	233.5	233.5	18	18	−0.2
1998	6-24—7-05;7-15—8-03	6-24	8-04	312.7	312.4	41	32	0.7
1999	6-07—7-02	6-07	7-03	593.0	593.0	26	26	2.1
2000	[7-10—7-13]	7-10	7-14	44.5	44.5	4	4	−1.7
2001	6-13—6-26	6-13	6-27	285.2	285.2	14	14	0.2
2002	6-19—7-07	6-19	7-08	221.8	221.8	19	19	−0.2
2003	6-23—7-11	6-23	7-12	177.5	177.5	19	19	−0.5
2004	6-15—6-26	6-15	6-27	168.6	168.6	12	12	−0.7
2005	7-06—7-20	7-06	7-21	112.0	112.0	15	15	−1.0
2006	6-22—7-25	6-22	7-26	269.5	269.5	34	34	0.5
2007	6-28—7-23	6-28	7-24	219.8	219.8	26	26	0.0
2008	6-07—7-03	6-07	7-04	319.3	319.3	27	27	0.6
2009	6-20—7-02	6-20	7-03	140.7	140.7	13	13	−0.9
2010	6-24—7-21	6-24	7-22	277.0	277.0	28	28	0.4
2011	6-04—6-29	6-04	6-30	344.2	344.2	26	26	0.7
2012	6-22—7-17	6-22	7-18	212.3	212.3	26	26	−0.1

注：[ ]表示空梅。

表 I.6 江淮梅雨(Ⅲ型)历年信息表

年份	梅雨开始—结束前日期（月-日—月-日）	入梅日（月-日）	出梅日（月-日）	梅雨雨量（mm）	集中期雨量（mm）	梅雨长度（d）	集中期长度（d）	梅雨强度
1951	6-21—6-25;7-06—7-22	6-21	7-23	259.3	258.7	32	22	0.1
1952	7-14—7-23	7-14	7-24	77.4	77.4	10	10	−1.4
1953	6-19—6-27;7-15—7-22	6-19	7-23	357.1	316.7	34	17	0.0
1954	6-24—7-29	6-24	7-30	621.2	621.2	36	36	2.4
1955	6-22—7-13	6-22	7-14	159.8	159.8	22	22	−0.5
1956	6-04—7-21	6-04	7-22	509.5	509.5	48	48	2.3
1957	6-30—7-14	6-30	7-15	150.9	150.9	15	15	−0.8
1958	[7-07—7-09]	7-07	7-10	13.3	13.3	3	3	−2.1
1959	6-27—7-05	6-27	7-06	86.6	86.6	9	9	−1.3
1960	6-19—6-29;7-07—7-11	6-19	7-12	220.1	206.5	23	16	−0.5
1961	6-06—6-17;7-03—7-10	6-06	7-11	182.3	170.2	35	20	−0.6
1962	6-17—6-26;7-03—7-11	6-17	7-12	243.0	240.4	25	19	−0.2
1963	6-22—7-13	6-22	7-14	175.2	175.2	22	22	−0.4
1964	6-24—7-01	6-24	7-02	60.3	60.3	8	8	−1.6
1965	6-30—7-23	6-30	7-24	330.3	330.3	24	24	0.5
1966	[7-05—7-07]	7-05	7-08	31.2	31.2	3	3	−1.8
1967	6-24—7-05	6-24	7-06	122.5	122.5	12	12	−1.0
1968	6-25—7-20	6-25	7-21	329.9	329.9	26	26	0.6
1969	7-01—7-22	7-01	7-23	441.0	441.0	22	22	1.1
1970	6-28—7-28	6-28	7-29	295.7	295.7	31	31	0.6
1971	6-01—6-16;6-25—7-11	6-01	7-12	340.2	310.4	41	33	0.7
1972	6-11—7-11	6-11	7-12	388.7	388.7	31	31	1.1

续表

年份	梅雨开始—结束前日期（月-日—月-日）	入梅日（月-日）	出梅日（月-日）	梅雨雨量（mm）	集中期雨量（mm）	梅雨长度（d）	集中期长度（d）	梅雨强度
1973	6-16—7-19	6-16	7-20	203.9	203.9	34	34	0.2
1974	6-09—6-20;7-08—7-31	6-09	8-01	437.6	426.8	53	36	1.3
1975	6-20—7-15	6-20	7-16	305.8	305.8	26	26	0.5
1976	6-21—6-30	6-21	7-01	101.4	101.4	10	10	−1.2
1977	6-28—7-21	6-28	7-22	186.0	186.0	24	24	−0.3
1978	7-10—7-20	7-10	7-21	61.9	61.9	11	11	−1.5
1979	6-19—7-04;7-14—7-25	6-19	7-26	387.9	346.0	37	28	0.7
1980	6-17—7-21	6-17	7-22	466.0	466.0	35	35	1.6
1981	6-22—7-01	6-22	7-02	137.9	137.9	10	10	−0.9
1982	7-09—7-25	7-09	7-26	277.0	277.0	17	17	0.1
1983	6-23—7-04;7-13—7-24	6-23	7-25	381.2	371.7	32	24	0.6
1984	6-04—6-15;6-28—7-09	6-04	7-10	189.5	178.3	36	29	−0.2
1985	6-22—6-27	6-22	6-28	67.8	67.8	6	6	−1.5
1986	6-11—6-24;7-10—7-24	6-11	7-25	423.5	353.2	44	29	0.7
1987	7-02—7-21	7-02	7-22	277.9	277.9	20	20	0.1
1988	[7-12—7-15]	7-12	7-16	34.7	34.7	4	4	−1.8
1989	6-04—6-16;7-05—7-15	6-04	7-16	314.8	288.4	42	24	0.1
1990	6-14—6-27;7-10—7-20	6-14	7-21	253.0	219.4	37	25	−0.1
1991	6-08—6-16;6-29—7-15	6-08	7-16	766.4	756.5	38	26	2.6
1992	7-09—7-22	7-09	7-23	109.1	109.1	14	14	−1.1
1993	6-21—6-29;7-14—7-24	6-21	7-25	259.6	230.3	34	20	−0.3
1994	7-13—7-17	7-13	7-18	49.5	49.5	5	5	−1.7

续表

年份	梅雨开始—结束前日期（月-日—月-日）	入梅日（月-日）	出梅日（月-日）	梅雨雨量（mm）	集中期雨量（mm）	梅雨长度（d）	集中期长度（d）	梅雨强度
1995	6-17—6-24	6-17	6-25	99.8	99.8	8	8	−1.2
1996	6-03—7-21	6-03	7-22	519.4	519.4	49	49	2.4
1997	6-30—7-06;7-13—7-22	6-30	7-23	200.5	196.2	23	17	−0.5
1998	6-25—7-04;7-14—8-03	6-25	8-04	370.5	368.0	40	31	0.9
1999	6-23—7-01	6-23	7-02	120.0	120.0	9	9	−1.1
2000	6-20—6-29	6-20	6-30	127.8	127.8	10	10	−1.0
2001	6-09—6-19	6-09	6-20	58.8	58.8	11	11	−1.5
2002	6-19—6-28	6-19	6-29	112.3	112.3	10	10	−1.1
2003	6-21—7-22	6-21	7-23	589.2	589.2	32	32	2.1
2004	6-14—6-19;7-06—7-14	6-14	7-15	221.9	150.3	31	15	−0.9
2005	6-26—7-11	6-26	7-12	189.6	189.6	16	16	−0.5
2006	6-21—7-28	6-21	7-29	416.6	416.6	38	38	1.5
2007	6-19—7-26	6-19	7-27	447.7	447.7	38	38	1.6
2008	6-14—6-23;7-06—7-13	6-14	7-14	210.3	177.8	30	18	−0.6
2009	[7-10—7-14]	7-10	7-15	13.9	13.9	5	5	−2.1
2010	7-02—7-24	7-02	7-25	237.9	237.9	23	23	0.0
2011	6-17—7-20	6-17	7-21	376.9	376.9	34	34	1.1
2012	6-27—7-14	6-27	7-15	260.1	260.1	18	18	0.0

注：[ ]表示空梅。

表 I.7　华北雨季历年信息表

年份	开始时间	结束时间	总雨量(mm)
1961	7 月 1 日	8 月 27 日	288.5
1962	7 月 13 日	8 月 9 日	185.4
1963	7 月 2 日	9 月 4 日	231.7
1964	7 月 3 日	9 月 21 日	470.8
1965	8 月 15 日	8 月 19 日	16.3
1966	7 月 15 日	9 月 2 日	312.1
1967	7 月 18 日	9 月 5 日	278.2
1968	8 月 18 日	8 月 20 日	20.5
1969	7 月 14 日	9 月 3 日	315.3
1970	7 月 16 日	8 月 18 日	175.3
1971	7 月 6 日	8 月 2 日	121.5
1972	7 月 27 日	9 月 3 日	27.6
1973	7 月 15 日	9 月 8 日	271.7
1974	7 月 23 日	8 月 17 日	162.6
1975	7 月 9 日	9 月 2 日	198.7
1976	7 月 15 日	9 月 9 日	316.5
1977	7 月 20 日	8 月 12 日	216.9
1978	7 月 13 日	9 月 19 日	184.4
1979	7 月 24 日	8 月 17 日	311.8
1980	7 月 24 日	9 月 2 日	25.5
1981	7 月 3 日	8 月 19 日	189.6
1982	7 月 30 日	9 月 3 日	204.4
1983	8 月 4 日	9 月 10 日	89.6
1984	7 月 1 日	7 月 14 日	138.9
1985	7 月 22 日	9 月 17 日	249.8
1986	7 月 29 日	8 月 11 日	92.9
1987	8 月 13 日	9 月 4 日	148.3
1988	7 月 7 日	8 月 21 日	267.4
1989	7 月 17 日	7 月 29 日	104.1
1990	7 月 19 日	9 月 3 日	183.6
1991	7 月 18 日	8 月 3 日	118.5
1992	7 月 25 日	8 月 13 日	146.3
1993	8 月 4 日	8 月 12 日	68.2
1994	7 月 3 日	8 月 19 日	332.7
1995	7 月 25 日	9 月 11 日	376.7
1996	7 月 20 日	8 月 21 日	281.5
1997	7 月 19 日	8 月 4 日	89.3
1998	7 月 1 日	8 月 1 日	179.8
1999	8 月 9 日	8 月 20 日	56.3

续表

年份	开始时间	结束时间	总雨量(mm)
2000	7月4日	7月12日	65.9
2001	7月24日	7月29日	67.3
2002	7月28日	8月6日	56.6
2003	8月5日	8月11日	88.3
2004	7月11日	8月21日	191.4
2005	7月23日	8月18日	190.8
2006	7月31日	9月2日	125.4
2007	7月29日	8月9日	84.7
2008	8月10日	8月28日	88.5
2009	7月8日	7月29日	213.0
2010	7月19日	9月23日	134.3
2011	7月29日	8月24日	56.8
2012	7月21日	8月16日	220.6

表 I.8　华西秋雨历年信息表

年份	开始时间	结束时间	总雨量(mm)
1961	9月18日	11月20日	325.37
1962	9月14日	11月26日	280.05
1963	9月15日	11月25日	297.38
1964	8月28日	11月9日	491.49
1965	9月25日	10月13日	118.97
1966	9月18日	10月28日	197.26
1967	9月1日	11月30日	441.84
1968	9月7日	11月4日	293.27
1969	9月1日	11月7日	242.17
1970	9月15日	9月30日	143.85
1971	9月6日	11月14日	247.39
1972	9月19日	10月22日	155.33
1973	9月14日	11月12日	288.25
1974	9月2日	11月17日	337.64
1975	9月1日	11月23日	519.33
1976	9月15日	10月28日	216.34
1977	9月13日	11月15日	147.39
1978	9月5日	11月29日	236.14
1979	9月3日	9月30日	213.26
1980	9月3日	10月24日	244.06
1981	8月29日	11月30日	340.62
1982	8月27日	11月9日	441.33

续表

年份	开始时间	结束时间	总雨量(mm)
1983	9 月 4 日	10 月 26 日	398.96
1984	9 月 4 日	10 月 18 日	290.48
1985	9 月 4 日	11 月 13 日	347.31
1986	9 月 6 日	10 月 29 日	183.86
1987	9 月 13 日	10 月 24 日	169.47
1988	9 月 7 日	10 月 24 日	229.44
1989	8 月 30 日	11 月 16 日	361.90
1990	9 月 26 日	10 月 28 日	148.28
1991	9 月 21 日	10 月 24 日	123.42
1992	9 月 11 日	10 月 13 日	188.39
1993	9 月 16 日	10 月 30 日	191.20
1994	9 月 20 日	11 月 30 日	262.45
1995	9 月 8 日	10 月 24 日	123.93
1996	9 月 3 日	11 月 17 日	217.46
1997	9 月 12 日	10 月 20 日	196.27
1998	9 月 16 日	9 月 27 日	87.36
1999	10 月 9 日	11 月 18 日	150.97
2000	9 月 23 日	10 月 30 日	235.92
2001	8 月 26 日	11 月 6 日	396.56
2002	10 月 18 日	11 月 2 日	71.18
2003	8 月 28 日	10 月 14 日	273.12
2004	8 月 31 日	10 月 24 日	281.48
2005	9 月 21 日	11 月 24 日	216.62
2006	9 月 25 日	11 月 30 日	190.63
2007	9 月 6 日	11 月 2 日	170.22
2008	9 月 23 日	11 月 7 日	316.14
2009	10 月 7 日	11 月 1 日	74.61
2010	9 月 4 日	11 月 3 日	233.37
2011	9 月 4 日	11 月 22 日	396.32
2012	9 月 8 日	11 月 18 日	323.50